YI FEN ZHONG

1分钟

如何赢得好印象

郑建斌 编著

中国華僑出版社

图书在版编目(CIP)数据

1 分钟如何赢得好印象 / 郑建斌编著.—北京：
中国华侨出版社，2010.9
ISBN 978-7-5113-0683-8

Ⅰ.①1… Ⅱ.①郑… Ⅲ.①个人-修养-通俗读物
Ⅳ.①B825.49

中国版本图书馆 CIP 数据核字(2010)第 180616 号

1 分钟如何赢得好印象

编　　著 / 郑建斌
责任编辑 / 尹　影
责任校对 / 高晓华
经　　销 / 新华书店
开　　本 / 787×1092 毫米　1/16 开　印张/16　字数/204 千字
印　　刷 / 北京建泰印刷有限公司
版　　次 / 2010 年 12 月第 1 版　2010 年 12 月第 1 次印刷
书　　号 / ISBN 978-7-5113-0683-8
定　　价 / 28.00 元

中国华侨出版社　北京市朝阳区静安里 26 号　邮编：100028
法律顾问：陈鹰律师事务所
编辑部：(010)64443056　　64443979
发行部：(010)64443051　　传真：(010)64439708
网址：www.oveaschin.com
E-mail：oveaschin@sina.com

前言

preface

现代社会的精英们，都认同这样一句话：高接触和高科技同样重要。从某种意义上说，一个人的社交半径、人脉圈子，将决定他在这个社会上的位置和未来的发展前途。在很多时候，"你是谁"不太重要，"你认识谁"才是关键因素。

摆在我们面前的首要任务，是努力把自己推介出去，热情而自信地结交陌生人，发现新机会，让生活时时刻刻都充满变数，充满希望。

有句话是这样说的："世界上没有陌生人，只有还未认识的朋友"。但是，从陌生人到好朋友，没有一句类似于阿里巴巴的魔咒般的东西可以帮助你打开别人的心。人脉，最终还是要靠我们自己循着其中某一种脉络用心经营。

在我们真正了解一个人之前，在第一眼看到他时，就形成了对他的初步看法，即所谓的先入为主。例如，学校里对新来的老师；单位里对新来的领导或者同事；第一次接触的客户；由别人介绍认识的异性朋友等。第一印象都会产生作用，双方都对对方有一个大致的判断，同时也都力图使在对方心中留下良好的印象，作为今后交往的起点。

在人与人的交往中，一个成功的第一印象，将会为双方以后关系的发展打下一个良好的基础。良好的第一印象，不等于经营人脉的成功，但是不好的第一印象，会使今后的交往困难重重。

那么，良好的的第一印象，将从何而来呢？

人们愿意结交的人，是"有用的"、"有发展的"或者是"有益的"、"有趣的"的人，我们的第一步，就是提升自己的形象，尽量向好的方面靠近。

从某种意义上来说，人也是一种商品，你和陌生人的交往的过程，也是你向他们推销自己的过程。是商品就要讲究包装，好的包装和好的品质不一定是完全对等的关系，但是“卖相”不好，会使很多人从根本上就失去了探究你的内在品质的兴趣。

外在的包装，不只是衣冠楚楚那么简单，你的体态、气质和神色，说话的时候的音调、语气、语速、节奏等都将影响第一印象的形成。要真正成为一个受欢迎的人，这些细节上的修炼不可忽视。

人际交往是双向的，在与陌生人相处时，除了要稍稍高调地表现你的实力和风格之外，更要不吝于表达你对他的好感，在他心目中，形成一种“这个人非常可亲可近”的印象。根据社交心理学的原则，人们都喜欢喜欢自己的人，这话听起来有点儿拗口，道理其实却很简单，你喜欢他，他与你的交往也是轻松而舒服的，这将进一步促进你们之间关系的互动。

害怕陌生人是一种普遍的心理状态，比如说在聚会上我们想不到有什么风趣或是言之有物的话可说的时候；在求职面试中拼命想给人留下好印象的时候，心里都会七上八下，不知道该怎样打开话匣子。克服这种“社交恐惧症”，有一些基本的方法和技巧是我们必须要掌握的，比如说如何寻找共同话题，拉近彼此的距离；比如说如何用恰到好处的肢体语言，消除对方的紧张和陌生；比如说如何掌握对方的心理需求，在第一时间说出他想听的话。这些技巧会给你带来更多的自信，使你可以热情而愉快地接触陌生人，体验“一见如故”的美好感觉。

如此，我们就打开了与陌生人交往的第一道门，这时候，他可以算你的熟人或朋友了，但还不能称之为“人脉”。如果要进一步深化你们的交情，你还需要让对方对你的内在素质放心和满意。当你和相对陌生的人第一次共事或者共同面对一些突发事件的时候，你有没有城府，懂不懂包容，讲不讲分寸，会统统看在旁观者的眼里。所以越是面对陌生人，我们越不能掉以轻心，要力求在对方心目中得到一个最佳分数，为以后长远的交往与合作奠定基础。

当然，我们不能只为了“表现”而表现，而是让这种“表现”慢慢融入个人素质，然后，你在做人与处事方面就上升到一个新的层次。

目录

contents

第1种能力

从生活细节上塑造有层次、有品位的形象

我们留给陌生人的第一印象，首先来自于他对你的观察。你的衣着装扮、言行举止，你的习惯性动作、你的消遣方式，这都是关于你这个人的印象标签。它们在清楚地为你下着定义，你是谁、你的社会位置、你如何生活、你是否有发展前途。

我们所要做的，是从每一个细节上打磨自己的形象，争取更多的认可。

第 2 种能力

通过“贴金”和“造势”打响你的知名度

我们不否认谦虚是一种美德，但是对于完全不了解你底细的陌生人，过分的谦虚和低调，反而容易给人一种“这个人没什么大用”的感觉，从而可能就忽视你的存在。

为了把自己“推出去”，趋近热点、自我包装和制造声势都是必要的手段。

第 3 种能力

以你的热情和自信感染周围的人

“结交朋友”是人生最重要的课题，可是因为人们天生的“惰性”和“畏怯”，大家都吝于“先给予、先付出、先主动”，很少向陌生人主动伸出友谊之手。

破解这种人际坚冰的法宝是热情，这种热情会感染与你接触的其他人，他们会被这种氛围所同化，然后回报你更多的热情。

第 4 种能力

轻松营造“一见如故”的交往氛围

人们在心情愉悦、对来人充满好感的情况下，都愿意给人提供更多的方便、给予更多的帮助。所以不论是交朋友还是谈事情，当时氛围的好坏是一项决定性的因素。

良好的氛围，不是谁都可以“赶上”或者“撞上”的，这就需要我们贴近对方的心态，调节好现场的气氛。会给自己铺路搭桥的人，朋友多，路也走得顺。

第 5 种能力

以适当的肢体语言强化你的亲和力

我们都有这样的经验，在人与人的交往接触中，纵是赞美的语言，面无表情地说出来，往往会被人怀疑是讽刺；而即使是牢骚和抱怨，说的时候勾肩搭背的，对方也当你是自己人。

所以很多话不在于你说的是什么，而在于你说话的时候，辅以怎样的肢体语言。对于关系还不够密切、不够。牢固的陌生人，肢体语言运用是否得当，更会影响到你们关系的下一步走向。

第6种能力

掌握唤起对方注意力的秘诀

不会说话的人，即使洋洋万言，也让人昏昏欲睡；善于交际的人，三言两语，就能调动起别人的兴趣，吸引他人的注意。

我们探讨这些吸引他人注意力的小技巧，不是为了哗众取宠，而是要与初交的陌生人之间建立起一条直接而快速的通道。

第7种能力

人们都喜欢接近让自己感觉舒服的人

在人与人的交往中，有一条非常重要的心理规则，那就是人们都会下意识地喜欢对自己有好感的人。好感的表现形式可以有很多，如果对方是初次相见或者交往不多的人，赞美的话可以直接而迅速地表达你对对方的好感与认同。

捧人谁都会，难得的是捧得舒服自然，不着痕迹地说出对方最想听的话。

第8种能力

培养什么场合都能和人聊得来的能力

那些亲和力超强的交际高手，绝不是那种端着架子高高在上，一味按照自己熟悉和喜欢的表达方式说话的人。与人交流，讲究的是见什么人说什么话，到什么山唱什么歌，不是要自己说得畅快，而是要对方听得舒服。

至于究竟要说什么、怎么说，则需要我们根据具体的环境氛围和对方的身份选择恰到好处的表达方式。

第9种能力

练就瞬间看透他人内心的本领

“百样米养百样人”，在社会上生存，我们免不了要和各式各样的人打交道。这里面有两点是应当小心的，第一，和陌生人接触，要学会通过服饰、气质、言谈举止等细节观察他的性格与背景，做到知己知彼；第二，对于一些典型性的人物，要尽力适应他们的“个性”表现，争取他们的认同，同时也让自己的人气更旺。

第 10 种能力

有意保持一点神秘感

经营人脉，不是一味地热情主动、体贴人心就可以成功的。在我们周围，总有一些人喜欢膜拜实力派，而对他们看不上眼的人动辄排挤打压，要在这些人心目中保持一定的地位，就不能让他们一缸水看到底。当他们对你的力量和背景有摸不清、看不透的感觉时，反而会对你产生浓厚的兴趣。

第 11 种能力

言行以自己的身份地位为出发点

对于自己的顶头上司，还有那些地位尊贵的人或者对你的业绩有直接关系的大客户，我们都应当把他们当成“陌生人”看待。在交往中，绝不能像对待家人朋友那么放松和随便。言谈真诚自然而讲究分寸，态度热情而符合自己的角色定位，只有这样，才可能得到他们的欣赏和信任。

第 12 种能力

尽力体现有城府、能包容的素质

我们在人群中生活，随时都在观察着、探测着别人，也被别人探测着。在还相对陌生的人之间，一些随时发生的具体事件，则会成为大家评判一个人胸怀和性格的基础。所以，有些事你需要三思而后行，尽量按照一个成熟的社会人的标准行事。

第13种能力

巧妙化解尴尬场面

在社交场合，不可能我们每个人都是中心人物，你可能有遭遇冷落的时候，可能有遭遇尴尬的时候，也可能有被人冲撞冒犯的时候。

如果恼羞成怒，只能使难堪的事情更为难堪，这时不如哈哈一笑，来个将错就错，借题发挥，同时“圆”下自己和对方的面子。

附 录

第 1 种能力

从生活细节上塑造有层次、有品位的形象

我们留给陌生人的第一印象，首先来自于他对你的观察。你的衣着装扮、言行举止，你的习惯性动作、你的消遣方式，这都是关于你这个人的印象标签。它们在清楚地为你下着定义，你是谁、你的社会位置、你如何生活、你是否有发展前途。

我们所要做的，是从每一个细节上打磨自己的形象，争取更多的认可。

穿什么样衣服体现你是什么样的人

在今天,我们每天要接触海量的讯息,要与一个又一个的陌生人打交道。回忆一下,你是不是有这样的印象:某一个人,其实你并不了解他,只是第一面觉得“讨厌”,于是就不想往下接触了。推己及人,我们自己留给陌生人第一印象,也对双方的关系起着不可替代的作用。

人与人之间的第一次接触,就可以彼此在心里形成一个大致的评价,并直接影响以后的关系发展。

现代社会,服饰是一个人层次与地位的最直观的体现。你每天早晨出门,即使一个对你的底细毫无了解的路人,也能从你的服饰中,对你的职业、个性、目前的生活状态和未来的发展潜力看个八九不离十。

一位有着20多年商战经验的成功商人,有一次这样的经历:

有一次,他手里有一大批订单,要对两家公司进行考察。两家公司在实力、产品价格、质量以及售后服务等方面都不相上下,但他最后还是做出了明智的选择。有人问他选择的标准是什么?他回答:是司机的衬衫。

当时,两个公司都派了司机接送,其中一个司机的衬衫显然已经很久没洗了,领口都发黑了,而另一位却穿得整齐干净。这位商人认为,如果连一个司机都仪容整洁,那么这个公司的工作效率一定非常高,管理也一定非常好!

人在世上走,难免是要被人掂量、被人选择的。一般来说,人们倾向于选择什么样的人作为自己的合作伙伴、朋友或下属呢?当然,最好他身家清白、性格忠实又才华出众,但是这种选择需要长期的考验,对于生活节奏飞快的现代人来说并不合适。这时候,第一印象就成了主打。人们往往会认为包装精美、价格偏高的商品质量过硬,同样,眼前这个人如果有一身打眼的行头,大家也就会对他的内在实力产生浓厚的兴趣。

香港企业家曾宪梓先生创业之初，有一次曾背着领带到一家外国商人的服装店推销。服装店老板看他穿着朴素，又操一口浓重的客家话，毫不客气地让曾宪梓马上离开。曾宪梓碰了一鼻子灰，只好怏怏不快地走了。

曾宪梓回家后，认真反思了一夜。第二天早上，他穿着笔挺的西服，又来到了那家服装店，恭恭敬敬地对老板说："昨天冒犯了您，很对不起，今天能不能赏光吃个早茶？"服装店老板看了看这位衣着讲究、说话礼貌的年轻人，顿生好感，欣然答应。两人边喝茶，边聊天，越谈越投机。从此以后，这家服装店老板和曾宪梓成了好朋友，两人真诚合作，促进了金利来事业的发展。

从某种程度上来说，一个人改变自己的服饰，实际上就是在改变自我形象，改变他人对自己的看法。

对于章启月这个名字，大家一定不会陌生，她是中国第三位外交部女发言人，曾任中国驻比利时大使。是她把与丝巾或色彩多变的衬衣相配的精致套装、考究发型和得体妆容（口红颜色永远和领口色调一致）带到了全世界的新闻镜头里。她同时精通多国外语，面对压力始终处之泰然，活出了许多女人想活出的生活与品位，被外国媒体称作"北京美人"。她容貌端庄，反应敏捷，沉着坦然，答问简洁自如，从不拖泥带水。她代表着中国，同时代表了我们国家自信、沉稳的新形象。

在与人打交道时，你的仪表姿态并非是"一言不发"的，提高自己的价值和分量，从衣饰上着手是最有效的入门方式。我们需要解决的，是究竟要"提升"到什么程度的问题。尽管有人宣称非顶级名牌不穿，更有些富豪们会为定做一套西装飞两趟巴黎，但是这种谱，并不是每个人都可以摆的。这不是买得起买不起的问题，当一个人的衣饰和自己的实力地位严重不符时，不但起不到提高吸引力的作用，反而容易被人评判为"虚荣、浮夸、好大喜功"，甚至有被人当成骗子的可能。本是为了提升身份，增加信任感的包装，反而造成了负面影响。

最得宜的服饰，是比你的现实身份提升一个格，仅仅是一个格而已，步子跨得太大，难免根基不牢。初涉职场的新人，可以将自己装扮成公司的中坚力量；中层的管理人员，可以向上司的衣着风格看齐；小商人可以穿得精明干练，显示你的冲劲。站稳脚跟之后，就要穿得大气些、沉稳些，展示一下自己的信心和品位。上升要一步一个台阶地走，总有一天，你会成为自己希望中的那种样子。

一个人的优点可以是多方面的，比如你为人善良，比如你知识渊博，比如你性格坚韧，但这一切，都需要一个展示的舞台。如果你第一次就把形象搞砸了，所有的优势都将失去表现的机会。

凡事沉得住气，“忙慌张张”会被人轻视

我们都知道，在男女情爱中，一方追得紧了，另一方一定就想逃。其实不止儿女情长这等小事，在社交中，也是同样的道理。塑造良好的第一印象，最忌讳那种凡事“急赤白脸”的举动，只有那些无足轻重的小人物，才会被人呼来喝去，怎么摆布怎么是。如果相信自己的分量，就不会随便放弃一贯的原则去迁就对方。乍一听来，这种做派有假清高之嫌，不利于聚拢人气，事实上，越是满不在乎的冷漠，越有大把的追捧者。

一般来说，人们普遍都有种逆反心理，正应了那句“上赶着不是买卖”的俗话。你越屈就，他越是端架子，如果有什么合作事宜，他就算是吃定你了。若心平气和，摆出一副无可无不可的悠闲姿态来，旁观者见了，无形中就会有这样一个印象：他是个有原则、有底线的人，我们需要的人就是他。

2005 年 7 月，原 UT 斯达康中国公司总裁周韶宁正在美国加州奔走，希望组建个人的投资公司。他接到了一家猎头公司的电话，邀请他加盟 Google 公司。周韶宁一口回绝：“我根本没有兴趣，我不会去这家公司的！”不过，在猎头公司几番沟通之后，周韶宁最终同意在北京同 5 名来自 Google 总部的工作人员进行了第一次沟通，并很快成为 Google 中国区的联席总裁之一。

对那些猎头公司的从业人员来说，他们已经习惯了被这些“牛人”拒绝，

并做好了多次被拒绝、多次“骚扰”的准备。相反，如果对方没有拒绝，他们反而会产生疑问：“这个人是不是没那么优秀，信心没那么强？”“是不是他的事业不顺？我们可不可以降低一下给他的条件？”

现如今，多数知识人求“售”心切，不敢主动跟强势的雇主、合作单位提出条件，以至于斯文扫地、地位大降；只有少数心高气傲的名角，才多少为这个群体“挣回一点脸面”。著名策划人叶茂中在广告的标的额之外，还对客户提出了一个所谓“门当户对”的原则：一是自己企业的能力要能够满足客户的要求，不接受自己无力承担或者不擅长的业务；二是如果客户不能理解策划意图或者太急功近利，宁愿不做。更精彩的是，叶茂中在1998年就“大言不惭”地声明：300万以下的单子不接！在90年代的中国营销界，这种豪言确实振聋发聩，牢牢地奠定了叶茂中作为一级广告人的形象。

这种强势宣言中，有没有水分呢?估计多少会有那么一些。但这又和那种单纯的“牛皮”不同，它是主要目的，是先把台面绷起来，信不信，你自己判断，来不来，你自己掂量。

先把自己捧高了，好处是能做得起身份，要得起价钱；不利因素当然也有，如果对方“知难而退”，我们就可能眼睁睁看着本应该属于自己的利益打了水漂儿。那么这种谱儿究竟当摆不当摆呢？还是要摆下去的。我们可以来算这样一笔账，台面绷得低了，“大客户”看不上，失去的是更上一层楼的机会；台面提到一定层次，会吸引一些实力人物的注意力，自己的身价也会跟着上扬。衡量得失，适当地“牛”一下还是有赚头的。那些刚出校门的学生，一点儿积累没有，所以才必须表现出意气风发的姿态，让人感觉到他的培养价值，而已经在社会上立足的人，多少总会有一些骄傲的本钱的。你的头脑、技术、资历、关系或手中的资源，如果轻易“出售”或者干脆“白送”，对方也不会以为你是个善良大方的热心人，他不会看重这些没下本钱的东西，甚至你这个人。

坚持的魅力，总会给观者留下深刻的印象。西方的一些世家贵族，对自己家族的姓氏、徽号、历史、荣誉都珍视到固执的程度，礼貌的谈吐、冷漠的腔调，也是他们固有的特征。正是这种绝不与人同流的作风，使他们在失去了庄园和城堡的情势下，依然保持着贵族的身份。如果人们在一个人身上感受一种与众不同的东西，就会觉得他是个有来头的人、是个值得尊重的人，自然的，这个人就比那些成群结队的普通人有分量。这种提升身份的方式，在具体的生活中也很常见，比如有人宣称只穿天然纤维织物做的衣服，只喝不加糖的咖啡，人太杂的聚会不参加，不正规的生意不涉足等等，其潜台词都是：注意，我不是个随随便便的人，你必须要拿出相应的规格来对待我。

保持个性，以个性烘托身份

比起个性张扬的西方人，中国人的性格属于内向型，长期以来，谦虚、稳健、忍耐、退让就是我们最高的处世原则。这种平庸的灰色性格，来自传统和教育，和人们自然的本性其实并不相符。换个简单的说法，就是我们的性格被压抑了。

一个没有自己特色的人，是很容易被埋没的。在现代社会，人们性格中张扬、进取、自信的一面，越来越受到大众的追捧。一个人的学识，来自长期的积累；一个人的容貌，主要取决于先天因素、而个性的魅力，却可以通过你的言谈举止来传递，在极短的时间内，给人一种深刻的印象。

彭倚云是一个去英国投考博士研究生的中国姑娘。她去牛津大学面试，穿的是最朴素的衬衣和蓝裙子，不施脂粉，也未戴任何首饰。然而，更令人吃惊的是，她在面试中居然和阿加尔教授辩论起来。教授很生气，发火了，整个走廊都能听见他们的激烈争吵：

"你以为你可以说服我吗？"教授咆哮道。

"当然不一定，因为我还没有出生时，你已经是心理医生了。"彭倚云毫不示弱地争辩，"只有实验本身才能说服你或者我，但如果没有人来做这些实验，那就永远不会有人知道我与你谁对谁错。"

"就凭你那个实验方案？我马上可以指出它不下10处的错误。"

"这只能表明实验方案还不成熟。要是你接受我当你的学生，我自己可以把这个方案改得尽善尽美。"

教授嘲笑她说:"你想要我指导一个反对我的理论的研究生吗?"

"我是这样想的。"彭倚云笑了笑,"可是经过这两个小时的争吵,我知道牛津大学是不会录取我了。"

最后,秘书宣布,成为阿加尔教授的博士研究生的机会以及里弗斯1985~1988年的奖学金,决定给予中国的彭倚云小姐……

虽然在一般情况下,我们以最普遍的社会标准来做自己的形象定位不会错,但是在与那些精英名流在一对一的时候,表现就不能太平庸了。能够打动他们的,往往是你对于自己不同凡响的定位和随时都力争上游的个性体现。

"15分钟=3000万美元",一个让人心跳的等式,而让这个等式得以成立的就是炎黄新星网络公司创办人张毅。

那是她跟新加坡电信董事长Hwee谈的第一笔投资。见面的时候,Hwee先生只是用了大概半分钟的时间看了她的简历,而没有看计划书。聊了15分钟后,Hwee先生就跟张毅说,项目基本上没有问题,最终,她赢得了这3000万美元的投资。

这个结果让当时的张毅有些始料不及。

但Hwee先生最后给张毅的解释是:"商业计划书一点都不重要,重要的是你处在人生的哪个阶段。如果还处在挣钱的阶段,那么没有必要在你身上投资。可是,一旦处在一种荣誉的阶段,就说明钱对这个人已经不重要了,重要的是一种荣誉,是在为荣誉做事业。这才是我决定投资你的原因。"

1999年,张毅从华尔街摩根斯坦利回国,靠这3000万美元投资创办了炎黄新星网络科技有限公司。

那些商界的成功人士,大都经历了为生存奋斗——为事业奋斗——为荣誉奋斗的层层递进的历程,所以他们回过头来,以这种成熟的眼光去打量后来者时,就可以直接地给出一个准确的判断。已经在某一个领域建立了强大的事业基础的名人,其名声一般也不是侥幸得来的,对照自己的上升经历,他们就会拥有一种直观的知人之明。

如果你有实力、有内涵,再加上那么一点点出彩的个性,从人群中脱颖而出的几率无疑会加大许多。但是值得注意的是,那种带着强烈个人色彩的言行举止，只能是一个人实力的点缀，人在社会中立足，不能光靠那种与众不同的作风招人眼目。一个人表现欲太强，走火入魔，和一只大尾巴孔雀也没什么分别。

据说现在说一个人“谦虚、老实”，就是骂他没本事，这种平庸的人，在社会上一抓一大把。是的，没事躲在角落里，连句囫囵话都说不出来的人，在今天当然不会有市场。想让人家承认，把自己身上的好东西摆出来让人看看是必要的程序。但这不是说为了一场个性的表演，就可以不分场合地大放厥词，即使你是一颗光芒四射的钻石，也要防止人家“审美疲劳”。

真正高贵的人在细节上不会丢分

一个人的形象，并不是一个简单的穿衣和外表长相的概念，而是一个综合全面素质，外表与内在结合的、一个在流动中的印象。它包括你的穿着、言行、举止、修养、生活方式、知识层次、家庭出身、你住在哪里、开什么车、和什么人交朋友等等。它们在清楚地为你下着定义，你是谁、你的社会位置、你如何生活、你是否有发展前途。

优雅的举止和文明得体的谈吐，往往是你征服别人的第一步，而无意之中那些“不入流”的言行举止，也会毁你没商量。

如果你如今正处于“上流”的位置而时不时就露出一些“下流”的粗陋举止，那么就证明你的位子是侥幸得来，你不配拥有它，这个位子你也坐不长；相反，你身处下层，举止谈吐却符合上层的文明，那么你的上升空间就非常广阔。

有一个小故事流传甚广：

一位先生要雇一名勤杂工到他的办公室做事，最后他挑选了一个男童。

“我想知道，”他的一位朋友问，“你为什么挑他，他既没有带介绍信，也没有人推荐。”

"你错了。"这位先生说,"他带了很多介绍信。他在门口时擦去了鞋上的泥,进门时随手关门,这说明他小心谨慎。进了办公室,他先脱去帽子,回答我的问题干脆果断,证明他懂礼貌而且有教养。其他所有的人直接坐到椅子上准备回答我的问题,而他却把我故意扔在椅子边的纸团拾起来,放到废纸篓中。他衣着整洁,头发整齐,指甲干净。难道这些小节不是极好的介绍信吗?"

言行细节,是你对自己形象的打造,优雅的举止和文明得体的谈吐,往往是你征服别人的第一步。

世上的人千千万万,每个人都有着不同的出身经历、不同的性格特点,表现出来的风格当然也不一样。但是有一个普遍的准则的,一个人无论如掩藏自己的不足之处,他不经意间的举止,依然会明明白白地勾画出他的品行实力。

有一次,在淮军刚刚建立时,李鸿章带领三个人来拜见曾国藩。正好曾国藩饭后散步回来,李鸿章准备请他接见一下那三个人,曾国藩摆摆手,说不必再见了。李鸿章奇怪地询问是为什么,曾国藩说:"那个进门后一直没有抬起头来的人,性格谨慎、心地厚道、稳重,将来可做吏部官员;那个表面上恭恭敬敬,却四处张望,左顾右盼的人,是个阳奉阴违的小人,不能重用;那个始终怒目而视、精神抖擞的人,是个义士,可以重用,将来的功名不在你我之下。"

那个怒目而视、精神抖擞的人,即后来成为淮军名将的刘铭传。

只看一眼,就把人分出了三六九等,从"看人"的那一方说,这是他的独门功夫,只要大致不差,就是他的成功。对"被看"的人说,是骡子是马,还没上场,就被定了性,也许这中间就有被冤枉的。怎奈生活中,大多数人"识人"的机会少,被人"挑拣"的时候多,与其糊里糊涂的就被否了,不如干脆就认可这种规律,学习这种规律,让自己的一言一行,都经得起挑剔,从而最终被人心悦诚服地接纳。

我们要打造良好的第一印象,绝不能看轻了这些细节小事。美国前第一夫人、里根的夫人南希,就曾经因为一些不够尊贵、不够大气的言行,而饱受媒体和大众的讥讽。

在里根夫妇初入白宫的时候,对总统来说,南希的确是个包袱。她在电视上这样宣布，尽管就连里根夫妇在通货膨胀的日子也必须节俭和“勒紧裤腰带”，但“为了克服困难，连我丈夫高达 20 万美元的年收入也不够我们花，虽然我们已经非常节省了”。那时，一个工人的年收入平均才不到 1 万美元。白宫对南希来说都不够富丽堂皇，“这简直不是值得我们骄傲的能够邀请朋友的地方，”她用惯常方式抱怨着。

还有，参加查尔斯王子和戴安娜的婚礼时，南希比女王本人还像女王一样地露面，并且计划她的出场要像好莱坞般的轰动。在去参加查尔斯王子的一场马球赛时，南希由一只黑色车队和警察护卫队以及直升飞机陪伴，而女王却自己开着她的越野车。“昔日的小明星”现在也开始被英国的媒体取笑——开始是从她拒绝行宫廷的屈膝礼，再就是关于她满满的日程安排，直到她飞扬跋扈的举止。

为了使自己保持一种良好的形象，就要求我们在言行举止的细节上也要考究一些。很少有人天生个人魅力超群，要使自己成为一个受大众欢迎的人，可以在社会的大课堂里悉心接受磨练。

“印度圣雄”甘地，从年轻的时候开始，就有心打入英国上流社会的社交圈，立志成为一位“英国绅士”，因此，他开始有计划地克服自己的各项弱点，训练自己面对群众的演说技巧与沟通的能力。

身为一个外国人，甘地明白他的皮肤颜色及外国口音是绝对改不了的特征，但是，他改变发型，勤练英国式腔调，装扮适当，频频出入各种社交场所。

甘地的魅力，在于他能运用简洁诚恳的语言和人交谈。毋庸讳言，经过长时间培养出来的社交能力，对甘地日后的政治生涯产生了很大的助益，使他不但能与英国的领导阶层平起平坐，畅谈政治，而且也抓住了全印度甚至全世界人的心。

当我们心中目标明确，知道要把自己打造成什么样子时，就可以按照那个想象中的形象来塑造自己。每个细小的侧面加起来，就是一个完整的大概念。这时候，无论你的风度素养还是思想见识，都已经发生了脱胎换骨的改变。

语音要标准，谈吐更要文雅

我们留给他人的印象如何，主要在于在某一次接触中，对方从你身上捕捉到一种怎样的讯息，也就是说，他的眼睛看到了什么，耳朵听到了什么。在言谈举止中，突出自己的个性和素养，这是一个修炼的大方向。我们面临的下一个问题是：表现自己的内在素质，你的语言是否能够帮助你树立良好的形象？

首先一点，语言都是排他的，如果你的话不够主流，就始终不算是这个城市的精英。比如在新加坡，尽管英语、华语、马来语和印度语通行，英语却是行政和商业用语，就是问个路，用英语也更容易得到详尽的指点。

人离乡贱，就是口音的不同，也会被当地人讥笑为"侉"。学习某一个圈子的通行语言，是对自己的一种突破。

1936年，李嘉诚一家辗转来到香港。他的父亲李云认识到以前对李嘉诚的那套教育是完全不适应香港社会现实的，于是他不再按四书五经的理论要求儿子，他让李嘉诚"学做香港人"，从而适应并融入香港社会。

要真正融入这片土地，就得先过语言关。如果语言关都过不了，在香港生活生存都是问题，更不用说什么做大事立大业了。过香港的语言关就是要会熟练地讲广州话和英语。

李嘉诚生长在潮州，只会说潮州话，潮州话属闽南方言。香港的大众语言是广州话，广州话属粤方言，与闽南方言彼此互不相通。可是在香港不会说广州话几乎寸步难行，所以是一定要学的。另外，英语曾是香港的官方语言，这是一种非常重要的沟通工具，也不容忽视。

功夫不负有心人，李嘉诚经过几年的苦心学习，终于熟练地掌握了广州话和英语这两门语言，这使得他在日后的商战风云中受益匪浅。

语言和经商绝对不是风马牛不相及的。试想，如果李嘉诚不懂广州话，不要说难以在商场自由驰骋，就是生存质量也要大打折扣，赚钱又从何谈起呢？

英语更给李嘉诚带来了无法估量的巨大财富，长江塑胶厂的创业便充分地说明了这一点。那时李嘉诚完全是凭借着一口流利的英语与外商进行商务洽谈的，从而为长江塑胶厂赢得了不少客户，接收了不少订单，把李嘉诚推上了世界上屈指可数的“塑胶花大王”的宝座。至于说后来李嘉诚所经营的跨国规模商务，更是须臾离得开英语。

如果说李嘉诚自始至终都不懂广州话和英语，只会说潮州话，那么他的商业活动是根本无法达到今日的辉煌的，而只会局限于潮州籍的商人们，就算他同样也取得了成绩，那有限的成功，是无法与现在相比的。

语言的改变，就是生存方式的改变，它能使一个人以最快的速度，从“边缘人”里突围，杜绝时间、金钱和精力的浪费。

除了语音之外，谈吐另有一层更为重要的标准，那就是你的发声吐气、遣词造句是文雅的、得体的，还是粗俗不堪。优雅的谈吐就像整洁的仪表，会使人觉得十分愉快。如果你能习惯运用文雅的辞令，即使偶尔开个玩笑，说些俏皮话，对方仍旧能够感受到你内在的涵养、气质，而乐于与你交谈。

相反的，如果你行为举止草率，满口粗语，则会让对方认为和你谈话是件辛苦的事，甚至是浪费时间。因此，平日应该练习谈话的技巧和优雅的举止，给对方留下良好的印象。

一个人所说的话是否有魅力，直接影响到他是否对对方具有吸引力，也关系到他是否具有良好的人缘，同时还影响到他能否自如地与别人说话，并表现出足够的自信。说话魅力的内容是十分广泛的，所说的内容，说话时的遣词造句，说话的语气、语调，说话时的身姿、手势、表情等等，诸如此类的种种因素都可以反映出一个人说话是否有魅力。

当年泰国正大集团结束了与几个地方台的合作，转与中央电视台共同制作《正大综艺》。双方决定要挑选一位有大学经历的女大学生做主持人，杨澜也被推荐参加试镜。

说实话，杨澜并不被人看好，只是因为她的气质较佳，所以才能一路过关斩将杀入总决赛。据一位导演透露，虽然杨澜被视为最佳人选，但是被有的人认为还不够漂亮，所以是否用她尚不能确定。

最后确定人选的时候到了，电视台主管节目的领导也到场了，他们要在杨澜与另外一位连杨澜也不得不承认“的确非常漂亮”的女孩子中间选择一人，这将是最后的选择了，杨澜的好胜心一下子被激起，她想：“即使你们今天不选我，我也要证明我的素质。”

有一个考试题目是“你将如何做这个节目的主持人”，杨澜娓娓而谈：“我认为主持人的首要标准不是容貌，而是要看她是否有强烈的与观众沟通的愿望。我希望做这个节目的主持人，因为我喜欢旅游，人与大自然相亲相近的快感是无与伦比的，我要把自己的这些感受讲给观众听。”

杨澜一口气讲了半个小时，没有一点文字参考，她的语言流畅，思维严密，富有思想性，很快赢得了诸位领导的赏识。人们不再关注她是否长得漂亮，而是被她的表现深深吸引住了。

当杨澜再次回到那个房间，中央电视台已经决定正式录用她了，这次面试改变了她的一生。

态度大方、谈吐优雅的人，身上仿佛有一种神奇的“气场”，即使初次见面的人，也会被他所吸引，而他本人也会因此拥有更好的舞台和更大的空间。

人生在社交中度过，话语交流伴随着人生的每一刻，每个人都时刻在实践着话语交往，优雅的谈吐不仅是你生活的调味剂，并且是你事业的推进器。

宴请宾朋，重点不在于“饭”，而在于“局”

对于每个现代人来说，“今天我有个饭局”都是常说的一句话。在我们的交际过程中，已经越来越多地发现了饭局的作用。的确，饭局的重点不在“饭”，而在“局”，有许多原本陌生的人，通过一次融洽的饭局，从而成了经常联系的朋友。所以，探索一下饭局中的奥妙，有助于我们人际交往的成功。

饭局中，如果需要自己做东，应酬初交的客人，这就比较伤神。谁为主，谁作陪，在哪里请，点什么菜，都要好好斟酌一番。

在安排一次宴会之前，首先要对请的客人心中有数。一般每次邀请的客人，都是有一个目的的，或洽谈项目，或签订合同，或接风迎客，或饯行话别等等。按照常规，不宜把毫不相干的两批客人全在一起宴请，更不得把平时有芥蒂的人请到一起吃饭，以免出现不愉快的场面。另外请客也是讲究规格的，我们可以根据自己要办的事的重大程度，和自己的消费水平安排不同档次的场所。若是公费，单位一般也都有相应的规定。

宴会菜谱的确定，应该根据宴会的规格“看客下菜”。总的原则是考虑客人的身份及宴请的目的，做到丰俭得当。整桌菜应有冷有热，荤素搭配。有主有次，主次分明。即一桌菜要有主菜，如鱼翅、燕窝、甲鱼等，以显示宴请的规格，然后再以一般的菜调剂客人的口味。这些菜可以不求高档，以适口为主。

通常人们所说的好菜，除了本身价值不菲的原材料外，最主要说的是味道好。然而中国的饮食文化博大精深，味型变化万千。东西南北人们的口味差别很大。传统上南甜北咸、东酸西辣的风味格局也逐渐融合，出现了不少新派口味。那么什么样的味道才是好味道呢？既然是请客，当然是迎合客人口味和心意的菜最好，这恰恰是商务宴请中最难把握的。因为主客之间是公事上的往来，往往并不十分熟络，有些甚至就是一面之交，因此对彼此的口味也就不可能很了解，而且商务宴请也不可能像朋友聚会一样，可以互相谦让，兼顾各人的口味，轮流点菜。除非是关系已经非常密切的商业伙伴，一般正式的商务宴请，都是先安排好菜式，客随主便。

我们根据客人的籍贯、职业特点、个人兴趣推断出其大致的口味就再好不过了。但如果实在是难于推测，也可以点两到三个相对保守的菜，也就是一般情况下大众都能接受的，所谓中性的菜。那种口味太过刺激、特点太过鲜明的菜，喜欢的人太喜欢，不接受的又绝对不接受，相对而言，还是中性比较稳妥，有时候，中庸也是一种个性。

因为工作原因，需要经常在饭局中应酬的人，可以多在这方面下点儿功夫。在单位附近找两三家不同档次的饭店，每次根据请的客人的情况，就近安排在这固定的几家饭店。长期在这些固定的饭店消费，服务生就会非常熟悉你的需求，每次来了，不必再煞费苦心地点菜，只需要悄悄知会一下此次宴请的规格，服务生自然就会根据客人的人数、性别、年龄以及时令等，帮助你迅速点好一桌符合要求的菜品。这些菜品也不是一味的山珍海味，而是高中低档菜品搭配着，价钱不会十分的昂贵。这样，你不必花费过多的金钱和精力，就可以给客人留下一种有诚意、有实力的印象，对以后的交往大有好处。

饭局安排好了，交际的重头戏也同时开始了。

大多数酒宴，宾客都较多，所以我们应尽量多谈论一些大部分人能够参与的话题，得到多数人的认同。因为个人的兴趣爱好、知识面不同，所以话题尽量不要太偏，避免唯我独尊，天南海北，神侃无边，出现跑题现象，而忽略了众人。

一般来说，多数酒宴都有一个主题，也就是喝酒的目的。要想在酒桌上左右逢源，得到大家的赞赏，你就必须学会察言观色，才能演好酒桌上的角色。为了使餐桌有高兴愉快的气氛，要尽量选择一些轻松愉快的、无害的、简单的话题。切忌向对方提出一些必须放下手中餐具才能回答的严肃问题，也不要向对方提出一些必须长篇大论或花较长时间才能回答完的问题。此外，一些不卫生的话题或是容易使人产生不当联想的话题都应避免。

有些人天生是聚会宠儿，可不擅言辞的人也总不能一直埋头吃，若总是沉默不语，几次下来，恐怕就没人找你吃饭了。就餐期间，宾主都应轻松自由地彼此交谈，若是遇到一桌"饭友"都是辩才，滔滔不绝自己插不上话，当然也可以静静聆听；另外，大家在说话的时候，自己的脑子要跟着转，这样一有空档就可以接过话茬了。

其实，饭局是一门学问，饭局不是某个人的专场演出，而是要顾全大局。如果餐桌上从头至尾谈工作，通常是没有工作能力的人所表现出来的行为。留给对方的印象不是枯燥无味就是喜欢自吹自擂，几乎很少有人喜欢跟这种人打交道，而且也失去了饭局的初衷——交朋友及搞好人际关系。真正聪明的人就不要把自己看得很大，甚至有时候还需要装笨，这就需要针对不同的人要不同地对待，有时不要表现得比客户还聪明，这样就会满足客户被人尊重的心理，同时也会促成彼此之间的友谊，也必然会导致以后交易上的成功。

当然，如果是事先约好的餐桌上边吃边谈，或者是对方主动地提出来谈的话，这当然就另当别论了。但除此之外，最好还是谈一些有关菜的味道或各地风土人情之类的话题，总而言之，餐桌上的话题应以闲谈聊天儿为主。除了公司内部的事情，客户公司的趣闻，或是社会热点、关注话题、行业动态、八卦新闻等等，都可以成为饭桌上的谈资，关键看你有没有留心周围发生的事情。

既然，饭局的目的贵在“局”上，吃不是重点。那么你就要尽量营造良好的气氛，就餐的未必个个都是你的熟人，也许是同公司不同部门的同事，也许是每次去客户那里都会打招呼却没聊过天的人，熟人当然没拘束，但和不熟悉的人打交道正是你扩大人脉、锻炼社交能力的好机会。

俗话说“酒过三巡言归正传”。有了良好的气氛，找到好的切入点，你所要办的事情也“于情于理”，恐怕后面的一切也就水到渠成了。总之，我们一定要把握好和利用好饭局，把自己锻炼成一个长袖善舞的应酬高手。

不为现实环境所限，创造条件也要高雅

从交往的角度讲，“没品位”的人代表着目光短浅、行为粗鄙，很少有人愿意和他做朋友。反过来讲，一个人所受到的待遇与自己的表现密切相关，如果周围有很多人赏识自己，那么我们也会变得信心十足。但如果自己都不善待自己的话，无论在何时何地，都不可能受到别人的礼遇。品位其实这也是一种资产，有很多人就是因为看起来卑微委琐，而失去了绝好的工作和成功发财的机会。

品位的培养，绝不是一日之功。一个人是不是够富有，可以拿硬性的标准衡量，是不是够尊贵，内容就更加丰富了。

品位的提升，代表着一个人在这个社会上的地位和受人欢迎的程度，也

进入了一种新的层次。

杰奎琳出生在东汉普顿，一个迷人的海滨城市，生下来就拥有美丽的私家园、心爱的马匹、深爱的家人和书籍，深受奥黛利·赫本、纪梵希和香奈尔等高贵人士的熏陶。

孩童时代，杰奎琳把大量时间花费在阅读契诃夫、萧伯纳等人的著作上；少年时代，华尔兹、伦巴舞更是给了她优雅的气质；长大后，她的阅读兴趣开始转向莎士比亚、威廉·巴特勒·叶芝、萨特，甚至是迪派克·乔浦勒的作品。她是那么的喜欢看书，如果会有条不同的生活道路的话，她说不定会是一个成功的作家。

但她选择了嫁给了肯尼迪，生命就注定了不平庸。当丈夫当选为总统时，31 岁的杰奎琳也给白宫带去了一股新鲜的气息，成为第一个将时尚带进白宫的女主人。

她超人的魅力是美国历史上其他第一夫人所不能比拟的，这不仅体现在她的年轻和美貌上，还体现于她独特的气质、高雅的举止和丰富的内在涵养。作为第一夫人时的她备受人们喜爱，尤其是美国的妇女们，处处以这位第一夫人为榜样，学习她的言行、举止、风貌，甚至她的穿衣打扮。她给人的印象总是那么美好，她的每一句话、每一个动作，甚至每一个着装细节都让人回味无穷并争相模仿。她的穿戴极富个性，她独到的审美情趣，成功地引领了美国的流行时尚。半个世纪之后，好莱坞的著名服装设计师伊迪丝·赫德也说她是“历史上最佳着装”的女人。

讲品位，优裕的生活是基础，讲品位不能不讲金钱，那么，如果暂时还没钱怎么办呢？

有些人会以为：“我没钱，讲品位也是有心无力，不如先专心挣钱，等有钱了再说品位也不迟。”这话听起来没有什么问题，但是事实上却不是这样的，一个看起来很“低层”的人，是难以吸引高层次的朋友的，他将很难进入更大、更有层次的人际圈子，也很难从根本上改变自己的命运。

更合理的次序，是先将自己打造成一个有品位的人，然后再寻找成功的机会。

有一对小夫妻，都是农村的孩子，大学毕业后在城市里找了一份薪水微薄的工作，一切都要重新开始。他们在一个僻静的小区里，租了套一居室的房子。房东是带家具出租的，除了床柜桌椅之外，还有一些不知哪年置办的相框、藤篮等装饰品。这对夫妻只留下了几样实用的家具，剩下的东西他们帮房东打好包，请他放进了库房里。在自己动手粉刷了房屋之后，他们买了几个大大的陶土花盆，养了几盆舒展大方的赏叶植物，沙发上随便扔几个手工靠垫、两本时尚杂志，气氛马上就出来了。到过他们家的同事，都觉得很舒服，根本没有注意到他们的居住环境是多么的局促。因为住在自己一手打理出来的房子里，他们很快找到了"家"的归属感。

这家的女主人，在衣着打扮上也很有一套。她买的衣服不是很多，但是却常在报刊杂志和网络上"看衣服"，所以感觉一向到位，穿着时尚大方。上班穿的衣服，是她所有衣服中质地最好、价格也相对较贵的，她认为，每天工作8小时，没有理由不穿得整齐漂亮些，这不但会给同事或者客户一种信任感，自己也感觉很有精神。

事实上，在生活中也不是花了钱就提高了生存质量，只要设计得当，你完全可以保持简约而够品位的生活方式。

人们都有一种普遍的心理特点，谁越有实力，就越有吸引力，大家都以与其交往、与其合作为荣；谁若天生的扶不起来或者正在走霉运，大家都有意无意地躲着他，好像与其走得太近，就会连累的自己一样。以此为出发点，我们无论做什么，自己都要先撑起门面来，什么时候也不能让外界看轻了自己。世上的事就是这样，你想要在这个世界上树立起怎样的形象，争取到怎样的身份地位，必须拿出像模像样的上佳表现，培养起在大家心目中的资格来。人们也许会同情弱者、怜悯弱者，却绝不愿意与他站在同一条水平线上。

在生活中，和陌生的朋友初交时，在时尚品位上更不能露怯。平日多接触一些如登山、网球、游泳等时尚的运动，学会演奏一样乐器，最低限度，也要有几首拿得出手的歌，在聚众中表现一番。至于听歌剧、看画展，真正能领略其精髓的人又有多少呢？你可以不喜欢它，但是有必要了解它，即使仅仅作为一种谈资也是好的。

只要你的见识和气度像那么一回事儿，就没人会看轻了你。我们可以暂时没有钱，但不能没思想。比如同样是旅游，他去欧洲，你可以去苗塞，虽然花费大大的不同，却只代表你们的不同趣味罢了；他喝几千元一瓶的红酒，你只喝苏打水，倒也显得返璞归真；以此类推，他吃海鲜，你吃蔬菜；他听歌剧，你听民乐；他在蓝天绿草间打高尔夫，你在波光荡漾的水塘边钓鱼。只要你有自己的风格和主张，一样让人另眼相看。

YI FEN ZHONG

第 2 种能力

通过“贴金”和“造势”，打响你的知名度

我们不否认谦虚是一种美德，但是对于完全不了解你底细的陌生人，过分的谦虚和低调，反而容易给人一种“这个人没什么大用”的感觉，从而可能就忽视你的存在。

为了把自己“推出去”，趋近热点、自我包装和制造声势都是必要的手段。

抓住露脸的机会,展现你最好的形象

古语说:“美玉藏于深山,人不知其美,黄金埋于地下,人不知其贵。”一个优秀的人,如果只是深藏不露,而不能表现自己,人们就不能看到他存在的价值。这样下去,即使他有绝世的才华,也渐渐会被埋没。

我们经营人脉的第一步,应该是要让更多的人认识你。如果大家谁都不知道你是何方神圣,又怎么谈得上相互提携、共同发展呢?

清代和珅,在正式登上政治舞台之前的第一声叫喊,便引起了乾隆帝的注意,正是由于他把握住了这瞬间的机遇,才能顺利地爬上了梦寐以求的高位。

和珅,钮祜禄氏,满洲正红旗人。其父常保本是不知名的副部统,和珅少年时贫穷而无所依恃,至乾隆中叶,还不过是八旗官学生,只中过秀才。以这样的基础,和珅要出人头地几乎是不可能的。乾隆三十四年,和珅却沾了祖上的光,开始摆脱困境。他的高祖尼雅哈那有军功,故他在父亲死后承袭了三等轻车都尉之爵。这一世爵给和珅带来了相当可观的收入,可以安享中等以上的生活了。但这还不是主要的,更主要的是政治上的好处,轻车都尉的职责是协助侍卫处扈从皇帝,这给和珅提供了一条接近的乾隆便捷之径。

乾隆四十年是和珅一生中的重要转折点。

那一日,乾隆帝大驾将出,仓促间求黄龙伞盖而没有准备好。乾隆帝发了脾气,喝问道:“是谁之过?”皇帝发怒,非同小可,一时间,身边的官员侍卫都瞠目相向,不知所措,而和珅却应声答道:“典守者不得辞其责!”他声音洪亮,口齿清晰,语言干脆。

乾隆皇帝不禁一怔,循声望去,只见说话人仪态俊雅,气质非凡,乾隆更为惊异,叹道:“若辈中安得此解人!”皇帝认为,这样一个人,混在侍卫堆里实在是屈才了。又问其出身,发现还是个读书人,这在侍卫中也属凤毛麟角了。乾隆皇帝一向重视文化,尤重四书五经,对一些读过四书五经的满族生员,当然更加另眼相看，所以一路上便向和珅问起经书的内容来。这和□记忆超群，答对颇合乾隆心意，进一步引起了乾隆帝的好感，当天就派他总管仪仗。从此和珅官运亨通，扶摇直上。

在后世人心里，和珅是一个不学无术，只知道搜刮钱财的家伙，却不知和珅也有和□的功夫。他的学问倒不见得多么高深，但是形象好、反应快，对于一件小小的突发事件，立即就可以引经据典地剖析明白。更重要的是，和□有表现的意识，时刻准备着，等待机会把自己隆重推出。

当我们还默默无闻的时候，不要奢望谁会主动关注自己，而是要积极主动地把自己的才干展示给他们看。即使你是一匹“千里马”，但不亮出你的真本领，不抓住机会勇于尝试，又怎么能让“伯乐”认出来呢？

一次外语课上，一位来自商业银行的专家做讲演。做讲演的人总是希望有人配合自己，于是他问道：“教室内有多少学经济的同学？”可是没有一个人响应。但是有一个学生知道，听讲演的学生当中有很多人包括他自己都是学经济的，可是由于怕被提问的原因，大家都沉默着。专家苦笑了一下说：“我先暂停一下，讲个故事给你们听。”

“我刚在英国读书的时候，在大学里经常有讲座，每次都是请华尔街或其他一些大公司的高级管理人员来讲演。每次开讲前，都会出现一个有趣的现象，我周围的同学总是拿一张硬纸，中间对折一下，用极其醒目的颜色用粗体字大大地写上自己的名字，然后放在座位边上。于是当讲演者需要听者响应时，他就可以直接看名字叫人。

我不解，便问前面的同学。他笑着告诉我，讲演的人都是一流的人物，他们就意味着机会。当你的回答打动了他们的时候，就预示着你已经开始在业界崭露头角，未来的天地就会宽广得多。这是一个很简单的道理。

事实也如此，我确实看到我周围的几个同学因为出色的见解得以到一流的公司供职。这件事对我影响很大，机会不会自动找到你，你必须不断地醒目地亮出你自己，吸引别人的关注才有可能寻找到机会。我发现有好多人在这方面实在是不令人满意，他们太过含蓄或者说是怯懦，他们不习惯让别人看到自己，或许这样你会过得很轻松，但是你绝不会得到更大的成功。我想你们中的每个人都会有凌云壮志，但是你的第一步必须是找到赏识你的人，这对沉默的人是非常困难的……"

他的话结束后，学生中有人笑了，有人不屑一顾，但是有更多的同学举起了手或做了一些暗示：我可以回答。

我们要记住这句话：机会不会自动找到你，你必须不断又醒目地亮出你自己的优势，让别人发现你，进而才能赏识和信任你。

因此，你必须勇于尝试，一次次地去叩响机会的大门，总有一扇会为你打开。

制造声势，吸引人们的关注

当我们看到那些声势浩大的新片发布会或者开业庆典时，大概都会心一笑：这又是在造势了。

"造势"词虽新，其实历史却很久远。古时有个卖马人在马市上蹲了三天也未把马卖出去，他找到了伯乐，请求伯乐给予帮助。伯乐一看他的马，真的是匹千里马，就答应下来。第二天，当马市上交易正繁忙的时候，伯乐出现在千里马旁边，他左瞅右瞧，观察良久，后做依依不舍状离开。伯乐前脚刚走，很多买主就围过来，于是千里马很快出手，并且卖了一个好价钱。

同样，我们在社会交往中，学会造势，为自己争取机会，是自我推销的第一步。然后，以目前的成绩为基础，让成绩以倍数上升，才是自我推销的最高目的。

有许多白手起家的传奇人物，都是造势的高手。

清末走通了官商两道的红顶商人胡雪岩，是靠做钱庄生意起家的。那时候钱庄没有股份公司的组织，都是独资或合伙经营，而以合伙者为多，出资人对企业负全部责任。因为钱庄的信誉决定于出资人的财产，出资人常另以一笔钱存入钱庄，称为附本或护本。还有的出资人在其他信誉较好的钱庄存入一笔定期存款，以示本人财力，兼有保证之意。

商务运作过程中，一个最基础的工作，应该是资金的筹措。所谓“巧妇难为无米之炊”，因此，做生意一定先要有本钱，生意越大，所要的本钱也就越大，这是谁都知道的。就商务运作的实际情况来看，当然最好是有多大本钱做多大的生意，或者想做多大的生意就先去尽量筹集多大的本钱。

胡雪岩的阜康钱庄开张时，门面装修得很像样，柜台里四个伙计，一律簇新的洋蓝布长衫，笑脸迎人。掌柜的刘庆生穿绸长衫纱马褂，红光满面，精神抖擞地在亲自招呼顾客。来道贺的同行和官商两界的客人，由胡雪岩亲自接待。大家都知道胡雪岩在官场也能说得上话，难免有什么事要托他，加以他的人缘极好，所以同行十分捧场，“堆花”的存款好几万，刚出炉耀眼生光的“马蹄银”、“圆丝”随意堆放在柜台里面，把过路的人看得眼睛发直。

中午摆酒款客，吃到下午三点多钟，方始散席。胡雪岩一个人静下来在盘算，头一天的情形不错，不过总得扎住几个大户头，生意才会有开展。第一步先要做名气，名气一响，生意才会热闹。

胡雪岩随身有个小本子，上面记着只有他自己认识的符号，里面有往来的账目，交往的人名，还有哪位大官儿和他老太太、太太、姨太太、少爷、小姐的生日。看这这本账之后，胡雪岩叫来刘庆生，让他按自己报的户头立了12个存折，每个折子存银二十两，一共二百四十两。

等刘庆生办好手续，把十二个存折送了来，胡雪岩才把其中的奥妙告诉他，那些折子的户名，都是抚台和藩台的眷属，立了户头，垫付存款，再把折子送了过去，当然就会有往来了。

“太太、小姐们的私房钱，也许有限，算不了什么生意。”胡雪岩说，“可是一传出去，别人对阜康的手面，就另眼相看了。”

在中国，来自官方的影响向来根深蒂固，在人们心目中，与官场有关系紧密的事，总是基础稳定，信誉可靠的。阜康在官面上根基牢固，以后的生意自会源源而来。

对于“名利”二字，胡雪岩有自己的一套看法：

“人生在世应该先求名，还是先求利？别的我不知道，做生意是要先求名，不然怎么叫‘金字招牌’呢？这话大有道理，创出金字招牌，自然生意兴隆通四海，名归实至。岂非名利就是一样东西？”

古今一理，殊途同归，无论你做的是生意，经营的是人脉，没有声势撑着，做大做强的可能性就不会很多。在一些特定的时刻，你必须学会给自己搭建一个平台，试着将自己“隆重推出”。

有粉擦在脸上，学会自我推销

我们在社会上打拼，必然要时常接触到一些陌生的环境、陌生的人物，当有人对你的资格和能力产生怀疑时，自我贴金是一种有效的攻防之道。如果说造势是全景的展示，自我推销则是有目的、有针对性的标榜。

高明的推销方式，是实则虚之，虚则实之，以一些闪烁的言辞，调动对方的热情。

著名策划人张一一这样讲叙自己到一家大公司拉业务的经过：

“该公司董事长虽然表面上对我很客气，可是我分明读出了一丝他对我这‘乳臭未干’的小子能力和水平将信将疑的况味。我知道这样僵持下去，等到接待时间一过，也就意味着这个至少100万的业务即将泡汤了。我必须当机立断给这个董事长一剂强心针。

我立马让助理打开手提电脑，给这个董事长演示我们公司一些大客户的名单和项目。董事长开始有些心动了。这时候，我又不失时机地从电脑里调出我和‘世界百位设计大师’中的第一位华人靳埭强先生、台湾设计界泰斗林磐耸先生、‘中国CI旗手’贺懋华先生等中国第一流CI专家的合影，并就他们做过的一些著名案例进行了简单的介绍和评价，好像这些案子都是我主持的一般。其实，我与这几位大师级别的CI专家真正在一起工作的时间不足一个月，几个比较大的案子我最多算是‘参与’而非‘主持’。不过由于我这些特殊的工作经历，再加上该董事长曾经又听过贺懋华老师精彩的演讲，甚是钦佩，他似乎觉得我年纪轻轻就和这些大师们共同作业打成一片，一定是有些真才实学的。

董事长把接待我的时间从10分钟延长到30分钟。后来,他在董事会上力挺我们公司接手这一项目。我们后来的合作非常愉快。"

张一一有意误导客户，把与策划大师们的一面之缘夸张成亲密关系,把参与夸张成主持,语言中的水分可谓不少,但是在张一一心目中,这不但不是一种污点,而且等同于又一次成功的策划。所以他才可以以得意的言辞,对人详细地转述这一光辉历程。看起来,我们的一些固有观念可以调整一下了,为了自己的前程,也不必太认真老实,必要的时候,试着把自己形容得优秀一些,说不定就有意外的收获。

人与人交往的步骤是慢慢开始的,当别人从我们的外貌、衣着有了初步的判断后,那么我们就应该明确,要让对方感兴趣,那么就要让人看到你的优点,让别人去欣赏你。比如一些小小的夸奖、耐心地倾听等,要让对方能感受到你的真诚,喜欢上和你的谈话,并把你们之间的谈话作为一件快乐的事。这样你才能进一步表现自己，让对方了解到你的身上有许多被人喜欢的优点。这样才能使彼此的关系得到更为进一步的发展。

陌生人之间交谈。除了了解对方,让对方多开口,还要看准情势,不放过应当说话的机会,适时插入交谈,介绍自己,适时地"自我表现",能让对方充分了解自己。比如说一位领导曾巧遇一青年,当问及他多大年龄时,他介绍说:"二十八岁,研究生刚刚毕业。"领导随后问:"那你一定是工作一段时间后又考研了?"他高兴地说:"是的,我已经工作了三年、又考研究生的。"接着他又谈起了他所学的专业和工作后的情况，这样双方都加深了了解，拉近了距离。

其实,人们都愿意与身份较高、能力较强的人交往,不愿意结识整天垂头丧气、愁眉不展的人。

因此,你在介绍自己的时候,最好不要使用平淡无奇的语句,最好带着一种积极、乐观、肯定的态度,充满自信地介绍自己,如:"我在微软公司负责销售工作,销售的主要产品是手提电脑。我也喜欢打球、登山、划船,并且喜欢音乐。"就这样,在短短的一两分钟之内,你就能够让别人印象深刻地记住你,并试图与你搭上话:"我也喜欢打球,你是打网球,还是高尔夫?"这样双方都加深了了解,彼此拉近了距离。

如果把自己讲得一无是处，讲遇到的困难，讲目前还存在的问题，对方听了会感到失望，对你也就没有太大兴趣了。

有些人随时随地都骄傲自大，炫耀自己，相形之下，那些谦虚谨慎的人的确要好得多。然而，并不是任何场合、做任何事都需要如此“谦虚”，因为“谦虚”过度，反而给人一种“没用”的感觉。因此，即使是“谦虚”一类的话，也要视场合及身份而决定运用与否，该自夸时就自夸。

有意识地趋近热点，做个热门人物

开放的年代，建功立业、出人头地、成名成家都成了金灿灿的褒义词。可惜的是，不是所有的美好愿望都能变成现实。有时候，我们的实力积累也已经够，可不知为什么，总是差那么一点点揭锅的火候。

1995 年情人节，《明报》赫然刊出两幅“示爱”广告。求爱者，是自称“无敌浪漫女作家”西茜凰，西小姐姿色风采颇佳，常在文中言及被俊男包围。

被西小姐爱上的宠儿，是香港两位赫赫大名的顶尖级人物，一位是首席财阀李嘉诚，一位是第一才子金庸。两人皆有才(财)，如西小姐在电话中回答记者采访道:“才(财)子佳人。”

西小姐手书示爱广告，墨字功力不浅，其情愈深，给“超人”李嘉诚的题字是“嘉千骏之长，诚万川之江”，取首尾两字，合起来就是“嘉诚”、“长江”。西小姐称“李嘉诚”为“嘉诚贤兄”，可见“情妹”用心之良苦。

在《明报》刊登四分之一版广告，要 9600 多港元，两则便要 1．9 万港元。西茜凰是公务人员的，薪水约 3．5 万港元，这个情人节的大礼物占了她过半的薪水，绝对是爱情高消费。

西茜凰的《魅力才子心》出版后，她公告各方好友，说超人已向她买了 500 本留念，希望好友们也帮补一把。

但据闻超人并没有认购，只是她一厢情愿自掏荷包送赠。可见才女是何等的痴情,对她所"爱"的人,有钱出钱,有力出力,赚人热泪。

西小姐如此露骨泼辣的示爱,超人、才子都避退三舍,未有任何反应。故舆论界称:才女单相思,没厘头(没意思),花开终不见果落地。

这是西茜凰小姐上演的一出好戏。当有人嘲笑她这场没来由的单相思时,岂不知西小姐要的就是轰动效应,而非最终结果。李嘉诚和金庸两人德高望重、名振香江,对于一个无理取闹的小女人,一不能当真,二不能动怒,只好任由西小姐自己折腾去。西茜凰在坊间,本也一小有名气的人物,此举一出,就是当季红人。人们在关注这场好戏的同时,也会关注起这位"无敌浪漫女作家"的文字来,如果发现她目光敏锐、文笔犀利,女作家岂不是实至名归?

西茜凰小姐不顾一切制造轰动的做法,或者有些低俗,但是在现实生活之中,我们完全可以做得低调一些、隐晦一些,同样也可以达到目的。

现代社会,借助于别人的声望来提升自己身份的手段,已经在政治、经济、文化以及外交等领域广泛运用,而且大有日趋扩展之势。在人际交往,扩展自己的交际圈子、建立朋友关系时,经常与那些"有实力的人"、"德高望重的人"以及"在某些方面有特长的人"交往,也不失为一种提高自身形象、扩大自己影响的策略和技巧。你可以巧借名人,如在交谈中常提到一些身份最高的人的名字,你在别人眼里就不同寻常;巧借闻名地点,如对于有地位有身份的人常去的地方,这也可以作为提高你的身份和能力的资本;巧借名言,如请社会名流为你题词作画,请专家教授为你著的书作序,请明星为你签个名等等。这些做法虽然有沽名钓誉之嫌,但其实这是一些人具备"敢为天下先"的眼光,是人的正当追求。而借助名人提高自己的社会知名度,也越来越成为被社会所承认的成名方式之一。

曾担任日本商社副董事长的海部八郎先生,是公认的才华横溢的人,同时也是一位地地道道的贴金大王。为增加自己的权威性,他经常亲密地称呼一些他从未见过面的政界大人物,他常对人这样说:"刚才田中先生打电话给我",或说"我刚刚参加过福田纠夫的记者招待会"。

随意称呼大人物的名字,是抬高自己身价的一种绝招。因为如何称呼人,往往是两人之间的社会地位和亲密程度的反映。如果你想借田中首相的名字抬高自己的身价,称首相不如称田中先生效果好,而称田中先生又不如称田中效果好，换句话说，越是随便，就越能给人以“自己与大人物亲密无间”的印象。

总之，不管具体动机如何，要永远记住拉大旗拉的就是别人的声望和面子，它能发挥出常人难以想象的作用，如果你能有意识地利用，就会快速地提高自己的声望，建立更有价值的人脉关系。

打造“领袖气质”，建立个人影响力

在人与人的交往中，我们谁都不愿意被别人看轻了，在人群中拥有一定的影响力，可以说是一个很重要的社交目标。

在任何一个团体中，总会有一个人具有说服他人、引导他人的能力，他可能还并不掌握实权，但是身上已经有了一种主导者的气度。比如在传说中，那些乱世枭雄从来都是人群里的核心，明朝的开国皇帝朱元璋，即便小时候过家家，他也是一群孩子里的“王”。清末富可敌国的红顶商人胡雪岩，出身并不高贵，是靠自己从底层奋斗出来的，但是他的合作者，无论是势大财雄的庞二，还是在洋场春风得意的古应春，包括在松江说一不二的江湖人物尤五，统统唯他马首是瞻。

这种力量从何而来呢？

在一个团体中树立起自己的权威形象，不是一朝一夕的事，但是只就与还不了解你实力与底细的人接触而论，有两点至关重要，这就是信心和热忱。

你是否有过这样的困惑：为什么同样的一个建议，在你的口中说出与在他的口中说出所产生的是截然不同的两种效果？在某种情况下，为什么有着比他更出色才能的你，却无法像他那样得到别人的认可呢？

有些人，在工作中面对某些问题时，明明有自己的见解，却思前想后，犹犹豫豫，等到其他同事提出时才懊悔不已。一次一次的错过，使得你失去了很多表现的机会。还有一些人，平时说话老是模棱两可，明明是一个正确的意见，却让他人产生模糊的感觉，这也会让他人对你的权威性产生怀疑。

一个企业的业务员每当与客户谈生意时，客户的反应都很冷淡，甚至当他介绍产品时，客户也显得心不在焉。对此他很苦恼。一位朋友听了他的诉苦后，笑了笑，指出他的毛病就是过于“谦逊”，实际上过于谦卑了。在客户眼中，他对自己没信心，更谈不上对产品有信心。他的举动像是在讨好客户，推销他的产品就如同求人施舍一样。朋友告诉他："你要让别人重视你，首先你必须重视自己。你要充满信心和热情，要让对方觉得你是个值得重视的人，你的产品对他非常重要，如果失去和你交易的机会，对他将是一种无法弥补的损失。”他认真考虑朋友的话后，努力改进，因此生意越做越好。

在实际生活中，小人物的低姿态已成了习惯，于是言谈举止都带着谦卑的烙印。我们不是说谦逊已不合时宜，但应该注意的是，在不了解你实力的陌生人眼里，过分的谦逊，使你总是像一个无足轻重的小人物。

如果你始终在看别人的脸色，只能使他的头越仰越高。

世上最擅长自我推销的是政治家，在公众面前的演讲是他们表现自己的主要手段。在他们看来，世界上根本不存在分辨不清的是非，甚至不可能有模棱两可的现象，他们总言辞明确，充满自信。数以万计的听众被他们所感染，成为他们强有力的支持者。

你有能力、有实力，但仅自己知道是没什么意义的，重要的是让公众认可，并给自己找一个发挥的平台。

2000 年 7 月份的《福布斯》杂志，封面故事里这样描写一个中国的企业家：深凹的颧骨，扭曲的头发，淘气的露齿笑，一个 5 英尺高、100 磅重的顽童模样。

然而，就是这样一个“怪怪”的人，在中国第一个对互联网的商业用途做出探索，并因此被国外媒体称为 Mr. Internet。他创办了世界上最大的电子交易网站，即使他在睡梦中，“阿里巴巴”每天也有 100 万元的收入。

他有一个普通的名字，他创造了一段不平凡的人生，他就是马云。

1995 年，还是一个青年教师的马云，对自己的人生开始了深深的思考，他认为自己是那种敢于尝试、敢于冒险的人，而且自己又善于言谈，沟通能力强，渴望做有挑战性的工作，不适合做工作平稳的教师工作，自我创业倒是更符合自己的性格。于是,他立马不干,主动辞职了。

1999年3月10日,阿里巴巴公司在杭州马云家中诞生。经过几个月的筹备建设后,阿里巴巴在互联网上出现了。一传十,十传百,阿里巴巴网站在商业圈中声名鹊起。但马云知道,阿里巴巴面临着一个巨大的战略选择——国内电子商务尚不成熟,只有利用发达国家已深入人心的电子商务观念,为外贸服务,才是真正利润丰厚的大鱼。于是,马云决定以自己极具说服力的口才去征服全世界。

他一月内可以去三趟欧洲,一周内可以跑七个国家。他每到一地,总是不停地演讲,他在BBC(英国广播公司)做现场直播演讲,在全球著名高等学府麻省理工学院、沃顿商学院、哈佛大学演讲,在"世界经济论坛"演讲,在亚洲商业协会演讲。他挥舞着他那干柴一样的手指,对台下的听众尖声叫道:"电子商务模式最终将改变全球几千万商人的生意方式,从而改变全球几十亿人的生活!"他在哈佛与诺基亚总裁同台辩论,赢得台下上千人起立鼓掌!怪异的长相、雄辩而煽动性极强的口才和超越全球的商业思想,竟然综合交融在这个枯瘦弱小的中国人身上,听众无不为之惊讶。

说起领袖气质、自信心、感染力这些美好的词句,我们容易将它们与那些身材挺拔、风度翩翩的人物联系在一起。马云的出现,彻底颠覆了这个概念。因为相信自己做的是全球最具潜力的事业,马云是热情的,甚至是狂妄的,这种热情感染了听众,大家一起"热"起来,把阿里巴巴的电子商务事业推到了顶峰。

马云的能力再强,想必也有创业者的窘迫,也有技术上的难题,但他有本事把这些问题统统按下去,只把高屋建瓴的战略思想、不可限量的发展前景摆到桌面上来。这并非是一种欺骗,事实上,成功者的注意力一向是集中在光明面上的,不把困难当成一回事儿的人,困难永远都是暂时的,而在实际操作过程中,这种信心足以激励自己,调动相关人员的热情。

你最终成为一个怎样的人,是做出来的,不是说出来的,但是如果你在说的时候就让人皱紧了眉头,不管你卖的是学识、技能还是某一种商品,别人都不会有兴趣。

“包装”不是欺骗，而是强化你的优势

当我们慨叹没有人了解自己，没有人知道自己的才干时，我们首先应当自问：“在平时的工作和生活中，我的外在形象和言行表现是否与自己所期待的自我价值相符？”西方有句名言：“你想在明天成为大人物，今天就要做得像个大人物的样子。”若要闻达于天下，其中的诀窍就是突出自己的优势，以优势谋发展。

这里要讲的，就是包装的功效了。

合适的包装，是把一个人的某一种特点提炼出来，通过大力宣传，将其引向实力强的、可信赖的、时尚的、高雅的一面。比如说周杰伦唱歌，吐字不清，要让他练成刘欢那么足的底气，恐怕累死都不成——再说了，往人多的道上走，成就再高也有限。于是，包装周杰伦，就要突出他冷峻的作风和个性的音乐，当周杰伦的缺点也变成独特的味道时，包装就成功了。

社会各界人士的包装方式虽与演艺明星不同，但目的都是相似的，就是顺应时代潮流，成为一个有魅力的、受欢迎的人。

在拉美地区，有一位小时候当过擦鞋童、做过苦工，后来成为工会领导人并步入政坛的巴西人，他就是出任巴西联邦共和国第一位工人出身的总统卢拉。

卢拉曲折漫长的从政之路是从1980年他创建巴西劳工党之后开始的。从1988年起，卢拉开始参加竞选巴西总统。不过，由于当时他缺乏系统的思想，对于如何改变巴西经济并且控制持续不断的通货膨胀没有可行的办法，因此在第二轮投票中失利。

此后，卢拉又在1994年和1998年两次参加巴西总统竞选，但他都在第一轮投票中就败给了现任总统卡多佐。然而，由他领导的劳工党在议会和地方选举中大有斩获，成为最大的反对党。

尽管连续三次竞选总统均告失败，卢拉却没有就此放弃。这位从二十多

岁时就投身到巴西政治运动中的左翼劳工党领导人，坚信只要经过自己不懈的努力，就一定能获得成功。

早在第一次参选失利之后不久，卢拉就在劳工党内成立了公民权利研究所，聘请全国著名学者专家讲课，为党员提供学习和研究的机会。在 1993 年到 2001 年间，卢拉走遍全国，实地考察和了解社会，为竞选总统和施政积累感性知识。

为了获得 2002 年入选的胜利，卢拉做了许多努力。作为巴西众多穷人的希望，往日的卢拉一贯以工人的形象出现，其政见也被对手批评为过于偏激。这导致他在此前的三次总统选举中得票总是处于第二。此番再度上阵，卢拉决定要向英国工党学习，将自己包装成一名“巴西的布莱尔”，改变以前的“激进工人领袖”形象。为此，他雇了形象顾问，把大胡子进行了一番修整，脱掉了以前常穿的开领 T 恤，一身西装革履的打扮。

面对广场上人山人海的群众，卢拉说：“我在不断改变自己，因为这个世界在不断地改变。”

针对选民求变稳怕乱的心理，卢拉提出了“和平与爱心”的竞选口号以重塑形象、改变主张，从激进左派变成了即求变又求稳的务实左派。正是这一改变赢得了人心，最终卢拉成为巴西联邦共和国总统。

这是政界的包装术，他们会根据选民的心理需要，随时调整自己的形象，在受人拥戴的同时实现自己的个人理想。现实之中，包装其实无处不在。

事实上，一个人的人格魅力同他的智力、受教育程度一样，是与他的前途息息相关的。在实际生活中，我们常常发现这样的情况：许多能力平平，但相貌堂堂、举止优雅的人，比起那些聪明而博学的人，能获得更快的提升，有时甚至把那些头脑聪明的人远远地抛在了后面。

由此我们可以得出：对人彬彬有礼，穿着整洁，举止文雅，是一个人家庭修养和个人修养的起码表现。在社会中打拼，你就会懂得这一点，它也是一种资产。你与身边的人相互尊重，你才有成长和发展的空间。

一个人的魅力是受多种因素影响的，比如，一个人的内在涵养和素质，外在的仪表、服饰，行为动作，地位和角色等。这些因素的差异以及交往个体能否巧妙灵活地运用这些因素，会直接影响到一个人的魅力，影响沟通的程度和效果。因此，要想拥有自己独特的魅力，除了发挥自己的智能本事外，还必须通过某些特定的方法塑造一个成功的自我形象，从而提升你在团队中的影响力，为你的人生和事业增添色彩。

将自我包装的小道具用活

对于那些演艺明星或者是位高权重的要人，身后总会有一家公司、一些专业人士为其提供包装策划。那么，我们这些普通人呢？我们也要工作、要生活，要得到社会的认可，也需要随时随地展示自己的最佳形象。没有专门的策划方案也无妨，我们可以自力更生，借助几种小道具，也给自己提提神，打打气。

最简便的包装工具，无过于书籍。在上个世纪，文学还是热门的时候，小伙子手里拿一本诗集，连谈恋爱都有底气。在今天，我们要展示的，则是自己的专业形象。大家可能都有这样的感觉，我们有病看医生，如果西医的办公桌上放两本硬壳的外文专著，中医的案头放两本线装古籍，我们大都会肃然起敬，放心地把自己交到他们手里。

范先生曾是一家知名大企业的销售部门经理，他具有精通的业务知识，并且还能说一口流利的美式英语。销售业绩稳中有升，在多年的职业生涯中练就了遇事不慌、稳扎稳打的性格，在公司的影响很大，同时深得上级的赏识，可是，就在面临提拔的时候，他毅然辞职，决定下海经商。

范先生觉得凭借自己的能力，再加上自己原来曾结交的那些客户，生意是没有问题的。可是，因为他没有实力，人们对他缺乏信任，曾经熟悉的客户与他断了联系，大公司不屑再与他合作，他被抛向了商界的另一个角落。

但是，范先生并没有灰心，而是在实力的虚实上做起文章来，以吸引人流的商人和客户。

首先他利用原来公司的影响力，当然他不会忘记疏通内线关系，以防被人识破。

其次，他租用了一套像样的房子，又从别处租来一套上档次的办公家具，精心布置一番，顿使办公室气派不凡，又从家中拿来一些商务方面的书，摆放在书架上，而且专门放些半新半旧的，这使人不致怀疑他在生意上的真才实学。另外，他对自己也认真地包装了一番，笔挺的商务装、精制的公文包，给人以干练，精神饱满的感觉。经过他的精心“包装”，以及他出色的谈判技巧再配上有实力的表象，使人增加了对他的信任，最终使他公司的生意越来越好，影响力也越来越大。

所以说，好形象是人生的一种资本，充分利用它不仅能给你的日常生活添色加彩，更有助于提升你走向成功。这里不是鼓励你去通过外在的东西去欺骗，而是让你借助外在的力量，把你身上最美好的一面展现给世人。

讲包装，名片比书籍更为小巧直观，名片上的头衔称谓，就是一个人在社会上位置的概括。那些成功者的名片上，总会有三两个有分量的职位，总之凡能给自己增光的，绝不肯有所遗漏。据说李嘉诚有一种名片，上面只有姓名，简简单单的三个字，这，我们学不了！对于普通人，别嫌虚伪，也别嫌俗套，老老实实地把能表明自己身份的东西都注明了，总的原则，是就高不就低，宁肯被当成一个商业社会的大俗人，也不能让人没印象。

书籍和名片，属于包装道具里的硬件，还有一种常用的小花样，也不要忘记了，这个关键词就是：我很忙。

在日本，曾有热门的电视节目《电话表演》备受人们的欢迎，因而产生了各种流行语。这个节目中最引人注目的部分是：充当观众的演员打电话给朋友，请他下次上电视表演。

看过几次节目后，可以归纳出一个共同的特点：当观众打电话问朋友：“你明天能不能抽空参加表演呢？”能立即得到对方肯定回答的情况很少，常见的反应是：“你稍等一会儿，让我查查我的工作计划，看看是否有冲突。”

然后过一段时间才回答：“没问题，这段时间正好是空当。”自然，也有人这样回答道：“很对不起，明天我要排演，没时间，你再找别人吧。”

据了解，在这个节目的录制过程中，在观众打电话以前，主持人和对方早就联络上了，在一切就绪之后才开始表演。但这种内幕若被观众知道，表演效果就会大打折扣，因此，叫他们故意回答："稍等一会儿，让我查查工作计划。"否则，若立即回答，就会让人觉得此人在家里闲着没事干似的。

因此，在回答时，宁肯将有时间说成没时间，也要摆出自己忙忙碌碌的样子，仿佛忙碌的人才占优势一般。因此，在《电话表演》播出后，就流行着一句话："请稍等一下，让我看看工作计划。"

一个人忙碌的情况与别人对他的评价息息相关。这种情形并非只发生在文艺界，在其他社交界也是一样，特别是在商场中，时间排得紧凑的人，常给人以能干的印象。但单凭口头上说"我很忙"还不行，这样做会很容易被人识破。

对于这一点，擅长演戏的人找到了窍门。在别人和他约时间时，即使明知某天有空，也尽量避免立刻回答，而先假装看看工作计划才回答，如果那天真的已安排了工作，就将计划翻开给对方看，这样就更能加强效果，使对方认为自己非常精明能干，同时也可显示自己的诚实性。

道具的运用，主题也不外是显示我有专业素质，我很重要等等，本着这个思路，我们大可举一反三，随时在生活中寻找自己的加分筹码。

第 3 种能力

以你的热情和自信感染周围的人

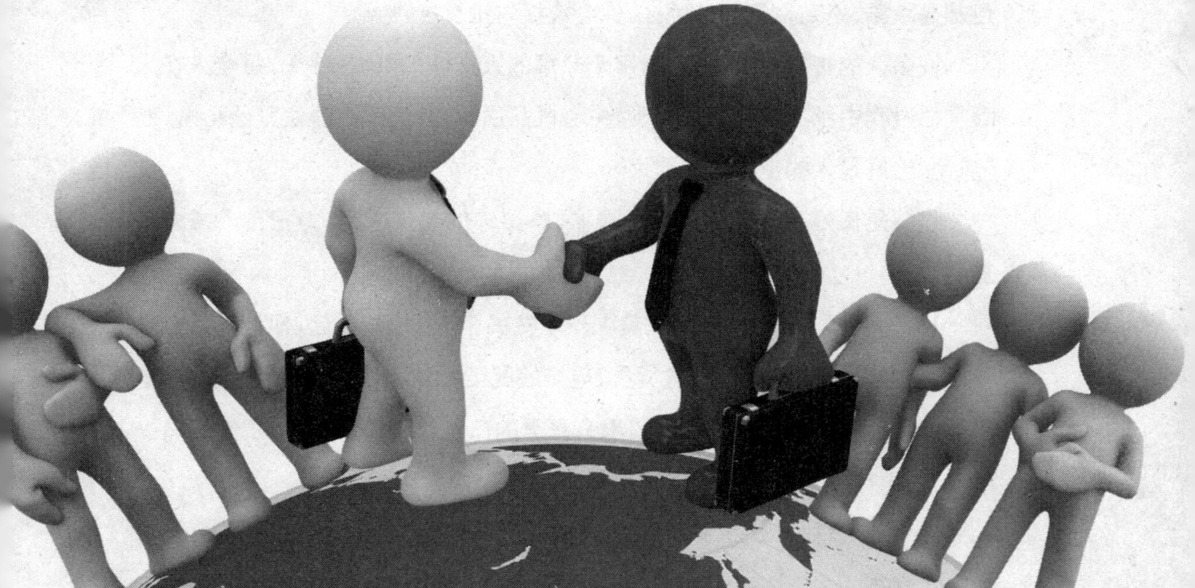

“结交朋友”是人生最重要的课题，可是因为人们天生的“惰性”和“畏怯”，大家都吝于“先给予、先付出、先主动”，很少向陌生人主动伸出友谊之手。

破解这种人际坚冰的法宝是热情，这种热情会感染与你接触的其他人，他们会被这种氛围所同化，然后回报你更多的热情。

递名片的行为就像是农民在播种

人际交往中的心理规则告诉我们，在良好印象的形成过程中，“热情”始终是第一个被对方感知到的品质。假设有这样两个人:他们都勤奋、实干，有着坚强的性格，做事果断、坚决又不失严谨。在所有人眼中，他们都是极为聪明的人。但他们之间唯一的区别是，其中一位待人处事极其热情开朗，而另一位却是冷酷、不苟言笑的。那么，你会选择与谁交往?

许多人的答案都是:愿意与那个热情的人交往!原因就在于，每个人在人际交往过程中都不知不觉地受到“中心性品质原理”这一心理法则的影响，而“热情”恰好是人的中心性品质之一。

热情是良好人际关系的第一要素，拿出你的热情来，努力把自己推介出去吧!

1929年，乔·吉拉德出生在美国一个贫民窟。从懂事时起，他就开始擦皮鞋、做报童，也干过洗碗工、送货员、电炉装配工和住宅建筑承包商等。35岁以前，他只能算个全盘的失败者，患有严重的口吃，换过四十几个工作仍然一事无成，再往后他开始步入推销生涯。

没想到，这样一个不被看好，而且背了一身债务几乎走投无路的人，竟然能够在短短的3年内被吉尼斯世界纪录称为“世界上最伟大的推销员”。他至今还保持着销售昂贵商品的空前记录——平均每天卖6辆汽车!他一直被欧美商界称为“能向任何人推销出任何产品”的传奇人物。

他有一个习惯:只要碰到一个人，就马上会把名片递过去，不管是在街上还是在商店。他认为生意的机会遍布每一个细节。他还认为，推销要点不是推销产品，而是推销自己。他说:“如果你给别人名片的时候，想这是很愚蠢、很尴尬的事，那怎么能给出去呢? 恰恰相反，那些举动显得很愚蠢的人，正是那些成功和有钱的人。”

他到处用名片，到处留下他的足迹。去餐厅吃饭，他给的小费每次都比别人多一点点，同时主动放上两张名片。因为小费比别人的多，所以大家肯定要看看这个人是做什么的，分享他成功的喜悦。

人们在谈论他，想认识他，根据名片来买他的东西。长年累月，他的成就正是来源于此。在他看来，不可思议的是，有的推销员回到家里，甚至连妻子都不知道他是卖什么的，为此，他呼吁道："从今天起，大家不要再躲避了，应该让别人知道你，知道你所做的事情。"

不要以为只有做推销工作的人才需要让大家认识自己，事实上，名声在每个行业里都起着举足轻重的作用。经商的人，需要一种实力雄厚、信誉卓著的名声；从政的人，需要一种清廉正直、能力超群的名声；搞学术、搞创造的人，更是要名校学子、名师之徒才容易受人追捧。于是，请人推荐的有之，互相抬举的有之，实在不行，就亲自上阵，自己给自己扛大旗。

江滨是个成功的商人，他的生意早已经走出上海，迈出国门，发展到了海外很多国家。而他在16年前还只是一个来自河南乡下的穷小子。那么，他凭什么赢得了如此多的财富？用他自己的话说："我能有今天，靠的都是朋友的帮助。"是人气造就了他这个千万富翁。

江滨，自己有两三千个朋友，每年都会见面三四次的有一千五百多个，经常见面和联系的，有三四百人。也就是说，按照1年365天计算，江滨每天至少要见12~17人次的朋友。

为了随时认识更多的朋友，江滨随身都带着自己的名片，他说："哪天要是出去没有带名片，我会浑身不自在，就像自己没有带钱出去一样。"

而江滨积累的这些人气，在他事业的一步步发展中，担当着不可或缺的角色。

大学毕业后，江滨在郑州工作了一段时间，然后在一个朋友的推荐下到了上海，去了一家珠宝公司任总经理，负责在上海筹建业务，开设零售店。在工作期间，江滨逐渐认识了第一批朋友。这些朋友中，做各种各样生意的都有，其中有很多都是在上海的香港人。在这些香港朋友的介绍下，他加入了上海香港商会。后来香港商会一位副会长由于工作调离上海，推荐江滨为香港商会的副会长。而利用香港商会这个平台，江滨又认识了一大批在上海工作的香港成功人士。

江滨利用丰富的人气网，做了很多事情，比如他凭借自己认识很多的香港朋友，创办了香港体育会并担任会长，这是一个自发的群众体育组织，最初才20多个成员。为了运动的时候开心一点，大家凑在一起，渐渐地，大家在玩的同时成为好朋友，有些自然就成了生意上的伙伴。朋友带朋友，这个圈子越来越大，作为会长的江滨，花费了更多的时间和精力来经营这项事业，这也给他带来了更多的朋友。

再后来，江滨就在朋友的推荐下开始投资房地产。由于当时上海的房地产已经火热起来，有时候即使排队都买不到房子。而在朋友的帮助下，江滨通过一些朋友，可以很容易买到房子，而且还是打折的。几年后，在朋友的建议下，江滨又陆续把手上房产变现，收益颇丰。

为了把自己的名声打出去，与各界人士都保持良好的接触十分重要。不要等待，一味地等待只能使你错失良机，你应该积极地一步一步地去做，这没有什么不好意思的。在各个场合，你有许多接触他人的机会。如果你想接近他们，让他们成为你人际关系网中的一员，你必须付出像那些西方议员一样的努力。假如你到一个新的环境，如机关、企业、学校等，在彼此都不认识的时候，你要主动“出击”，以真诚友好的方式把自己介绍给别人。

人与人之间接触越多，距离就可能拉得更近，这跟我们平时看一个东西一样，看的次数越多，越容易产生好感。在一个人身上，广告效应同样是把自己推出来的关键。

主动往前排站，让你渴望结识的人注意你

不同的态度产生不同的结果，有许多人之所以平庸了一辈子，就是因为他们一直在等待完全成熟的条件和万无一失的机会，缺乏站出来推销自己的勇气。古希腊哲学家苏格拉底说过：“要使世界动，一定要自己先动。”

一个人追求成功的热情，能给周围的人带来强烈的感染力，奇迹常常可以从这里产生。

西方社会流行一句话："一个人能否成功，不在于你知道什么，而在于你认识谁。"不要对这句话产生质疑，对于在社会上拼搏的人来说，实力学历都比不上"人力"来得管用，要想在同样的竞争条件下比别人运气好，就一定要在"认识谁"上大做文章。

那些掌握了强势资源，可以影响其他人命运的人，极少会主动凑过去欣赏谁。如果你去接近他呢？这又会很有效果。他手中的资源，给谁不给谁本是个未知，当一个既有能力又有勇气的人站在他面前时，他一般会为自己发现了一个人才而欣喜，顺水推舟地提拔一下，自己也没什么损失，何乐而不为呢？

当今时代，老板用人的最大原则是要能为其创造价值，而不是请来充人数的，因此他们更喜欢那种积极主动并富有挑战精神的人。在我们周围，也可以找出很多勇于毛遂自荐的人，他们最终获得了成功，而那些羞于自荐的人仍在原地踏步的例子。特别是在当今社会竞争如此激烈的情况下，再也不是那种"待价而沽"或等人"三顾茅庐"的时代，如果不主动出击让别人看得到你、知道你的存在、知道你的能力，你就有可能"坐以待毙"，或错失良机，至少你获得的机会比别人少。

如果你已经认识到人脉的重要性，有意于通过与一些关键人物的结识而完成自己事业的飞跃，那么，在具体的操作中，可以从以下几个方面做起：

1.打入主办人的圈子

社交聚会往往需要兼顾许多细节，其中对于可能发生的混乱场面正是你伸出援手帮忙的好机会，进而在这个过程中成为主办人中的一员。一旦你成为聚会的局内人，便可以知道谁会参与以及聚会中精彩活动的内容。

如何让自己参与进去？这其实并不难。首先，先查阅资料，造访主办方的网站，找出统筹会议的主要负责人是谁，打电话联系这个人，他们通常工作繁重、饱受压力，你可以在开始前几周便打电话说："我很期待你所主办的这次聚会，很想帮忙让它更精彩，希望能贡献一些资源，不论是时间、创意或人脉关系都可以，好让聚会能一炮而红，不知道是否有我能效劳的地方。”

2.和聚会中的重要人物套交情

如果你认识聚会中的那位认得所有在场人士的人，就可以跟着他穿梭全场，会见场内其他最重要的人物。聚会的主办人、主客都算是重要人物。

你要实现找出这些关键人物的愿望，就应在他们之前提早到场，站在主要出入口或签到处附近，上前自我介绍或待在后面找机会上前认识他们。

和对方套上交情后，就让自己变成“资讯核心”，这是优秀人脉专家的关键角色。如何办到？你必须找出周围的人想知道的资讯，做到有备而来。这些资讯可能包括业界的八卦、当地最棒的餐厅、私人派对等，让大家知道这些关键资讯，或让其他人知道如何取得这些资讯。当你成为资讯来源时，便变成了值得他人认识的对象。

3.创造让人惊喜的“偶遇”

这要求你在偶然撞见目标对象的两三分钟内，邀请对方稍后再碰面聚聚。这种招数简洁有力，让人觉得又快又有意义。

偶遇使你很快和对方认识，并搭起足够的关系，以方便下次再聚，之后又继续各自的活动的一种方式。你参加社交聚会，当然想在有限的时间内认识越多人越好。记住，你并不是要在此结交挚友，而是要认识够多的朋友，以方便于后续追踪。

两个人要建立关系，需要你们有某种程度的亲切感。在偶遇的两分钟内，你需要深探对方的双眼和内心，用心倾听，询问商业以外的问题，并透露一些个人资讯，让彼此互动中流露出些许感悟，这一切组合便有助于营造你们之间诚挚的关系。

很多社交聚会的主题内容是什么并不重要，重要的是参加的人。成为优秀的社交者就一定要知道自己是为了什么：不是有趣的活动，而是那些参与的人，这才是重点。要打一场有准备的仗，将参加者都收进你的人脉网。

和蔼可亲，随时奉上你的微笑

与那些拥有良好的人际关系的成功者打交道，你会发现他们总是笑脸相迎，不管谈话是否顺利，甚至为合约而产生不同意见，他们也总会微笑着说出其否定的态度。有时对方发脾气，或是双方不欢而散，他们还是会客气地说声再见。要是第二天他再遇上你，仿佛没有过不高兴那回事，他仍以笑脸相迎，问候你“早上好”。

他们种隐忍和气的态度，很容易把对方吸引住。认真领会这一道理，把人与人的关系处理好，成为他们事业成功和发财致富的一种技巧。

今天的中国人步入了一个生活节奏异常紧张的商业社会，人们习惯于紧张，终日在紧张中生活，他们的脸孔，在不知不觉中抽紧了，显得死板板的，毫无生气！假如你站在戏院门口，留意观察一下那些在闲暇时到戏院看戏的人们，你会发现一件奇怪的现象。本来到娱乐场所去，心情应该是非常轻松的，脸孔是心情的镜子，心情舒坦，脸孔就应该松弛，显出自然的微笑，不过，观察的结果，将会使你吃惊：在100人之中，至少有85人以上，他们的脸孔是绷得紧紧的。

大家都忘记了怎么笑的时候，笑容满面的表情就显得异常可贵，有很多窗口行业提倡微笑服务，把笑容当做一种商品来经营。当人们看到飞机上的空姐或者商业银行的职员亲切的微笑时，心情就会舒展，淡化了许多因烦躁而带来的是非。

一家企业向社会招聘员工，许多年轻人前去应聘，其中不乏高学历者，但他们最后都意外地败在了一个女孩儿手里。这个女孩儿相貌平平，经历简单，只有中专文凭，挺普通的一个人。有人不服气地向负责面试的人事部经理质问，这位经理平静地说：“一个女孩子能够经常发出友善的微笑，那么即便她文化程度低一些，我也愿意聘用。但是一个硕士生或者博士生，老是板着一副面孔，他就是免费来我这里工作，我也不要。”

一个面带笑容的人和一个整天板着脸的人处事，肯定会有不同的效果。你自己放松，大家看了心里也舒服，足以避免许多无谓的冲突和猜疑。例如本来是一件很尴尬的事，往往由于当事人富有幽默感，说上几句很逗趣的话，大家哈哈一笑，事情办通了，也没有得罪任何人；否则，如果一切都本着公事公办的严肃态度，那你所办的事情不但处处碰钉子，而且被人指称你是一个不通人情的木头人。

和蔼可亲的表情、言语会给人带来好运。一个人快乐与否并不在于你拥有什么、你是谁、你处于何种地位、你在做什么。只要你笑口常开，和善待人，就能获得别人的信任和爱戴。有许多举世瞩目的大人物，都善于以笑容来展示自己必胜的信心和独特的亲和力。英国首相丘吉尔，他的脸孔任何时候都特别松弛，显出一种自然的微笑，特别是他在吸雪茄时，更是笑容可掬。有人形容丘吉尔的笑容时，这样说："丘吉尔的笑容是一种武器，使对方无法捉摸他的思想，使对手在迷茫的情况下成了他的俘虏！"

汉斯从哈佛大学毕业后，进入一家企业做财务工作，尽管赚钱很多，但汉斯很少有成就感，他不喜欢枯燥、单调、乏味的财务工作，他真正的兴趣在于投资，做投资基金的经理人。

在一次旅途的飞机上，汉斯热情地与邻座的一位先生攀谈起来，由于邻座的先生手中正拿着一本有关投资基金方面的书，双方很自然地就转入了有关投资的话题。汉斯特别开心，总算可以痛快地谈论自己感兴趣的投资，因此就把自己的观念以及现在的职业与理想都告诉了这位先生。这位先生静静地听着汉斯滔滔不绝的谈话，时间过得很快，飞机很快到达了目的地。临分手的时候，这位先生给了汉斯一张名片，并告诉汉斯，他欢迎汉斯随时给他打电话。

回到家里，汉斯整理物品的时候，发现了那张名片，仔细一看，汉斯大吃一惊，飞机上邻座的先生居然是著名的投资基金管理人！自己居然与著名的投资基金管理人谈了两个小时的话，并留下了良好的印象。汉斯毫不犹豫，马上提上行李，飞到纽约。一年之后，汉斯成为一名投资基金的新秀。

很多人都有不善于同陌生人打交道的习惯，比如，当我们赴一个规模较大的宴会的时候，大家都会有一种不约而同的想法，就是最好避免和陌生的人同席，因为和熟人同席就有说有笑，和陌生人就失去乐趣了。这种想法正是畏于交际的意识在作祟，正如走进网球场而不想练球一样可笑。

其实，所有的朋友，都是从陌生到认识再到一步步发展成为朋友的。那么，怎样与陌生人接触，认识并成为朋友呢？说起来就太简单了，那就是交谈。拿出你的热情，展现你的笑容，主动与人谈话，通过互致问候、探讨共同关心的话题等方式，自然也就说到一起去了。这样话匣子一打开，必然会你一言我一语，你作为其中的角色，乘机询问各自的情况，就此便认识了更多人，大家再进一步套近乎，从而很容易地使这些人都成为了自己的朋友。

培养、展现和分享热情，是成功学背后精神的完美表现。当你对生活投入热情时，就是更进一步表明，你已在你的周围创造出成功意识，而此成功意识无可避免地会对他人造成更好的影响。你在这个世界上付出的热情越多，得到你想要的东西的可能性就越大。

和人打成一片，不介意出点小小的差错

对于陌生人，人们是普遍存在一种戒备之心的。那么，如何才能让人放下这种心理障碍，把你当成“自己人”一样接纳呢？下面一个心理学试验很能说明问题。

一个非常著名的心理学教授做过这样一个试验，他把两段情节类似的访谈录像分别放给他要测试的对象：

第一段录像上接受主持人访谈的是个非常优秀的成功人士，他在自己所从事的领域里取得了很辉煌的成就。在接受主持人采访时，他的态度非常自然，谈吐不俗，表现得非常有自信，没有一点羞涩的表情，他的精彩表现，不时地赢得台下观众的阵阵掌声。

第二段录像上接受主持人访谈的也是个非常优秀的成功人士，不过他在台上的表现略有些羞涩，在主持人向观众介绍他所取得的成就时，他表现得

非常紧张，竟把桌上的咖啡杯碰倒了，咖啡还将主持人的裤子淋湿了。

放完录像之后，教授让大家给自己喜欢的人投票。结果，有90%的有选中了打翻了咖啡杯的那位。

这个试验验证了教授的一个理论，就是对于那些取得突出成就的人来说，一些微小的失误，比如打翻咖啡杯这样的细节，不仅不会影响人们对他的好感，相反，还会让人们从心里感觉到他很真诚，值得信任；而如果一个人表现得完美无缺，人们从外面看不到他的缺点，反而让人觉得有些不真实，恰恰会降低他在别人心目中的信任度。

一个表现完美无缺、说话滴水不漏的人，容易给人城府深的感觉，不会讨人喜欢。所以，有些时候，你完全可以放松姿态，有意暴露自己"真实"的一面。

《红楼梦》里，荣国府老祖宗喜欢孙媳凤姐儿，因为她除了一贯的聪明和周到之外，有时也和老太太开开玩笑，偶尔还恃宠撒娇。

荣国府到清虚观打醮，凤姐约着宝钗、宝玉、黛玉等同辈姐妹看戏去。宝钗笑道："罢，罢，怪热的，什么没看过的戏！我不去。"凤姐道："他们那里凉快，两边又有楼。咱们要去，我头几天先打发人去，把那些道士都赶出去，把楼上打扫了，挂起帘子来，一个闲人不许放进庙去，才是好呢。我已经回了太太了，你们不去，我自家去。这些日子也闷得很了，家里唱动戏，我又不得舒舒服服的看。"贾母听说，就笑道："既这么着，我和你去。"凤姐听说笑道："老祖宗也去？敢情好！——可就是我又不得受用了。"贾母道："到明儿我在正面楼上，你们在两边楼上，你也不用到我这边来立规矩，可好不好？"凤姐笑道："这就是老祖宗疼我了。"贾母因向宝钗道："你也去逛逛，连你母亲也去；长天老日的，在家里也是睡觉。"宝钗只得答应着。

老太太主张没外人的时候，小辈们可以随便些，没必要见神见鬼似的拘谨。话虽这么说，贾府的规矩可大着呢。有长辈在场吃饭，李纨、凤姐等年轻媳妇必要在底下张罗着。凤姐爱热闹，今个儿拉开架势要舒舒服服地看一天戏。老祖宗要一同去，如果换了别人，多会恭敬地答一声"是"；或者有人拍老祖宗的马屁，特特地把这当成一种荣耀。凤姐素来口齿伶俐，此时偏偏有话直说，把自己的小算盘儿自动抖出来。贾母的兴致倒好，不但给凤姐儿放了假，还要邀请薛家母女同去。对老太太来说，当然还是喜欢热情开朗的后辈的，偶尔说说心里话，那么平时的孝顺也就显得并不那么虚伪了。

在现实之中，我们与人交往，也是同样的道理，最重要的，是寻找内心的认同。那些能够抓住朋友的心，赢得别人尊重的人，都是一些以人格的力量、诚挚的态度对人的人。如果想与人交透了，你可以从下面几点做起：

1.说话不要“拐弯抹角”

在和人交流的过程中，即使你和对方的意见和看法不一样，也不要隐瞒和矫饰，更不要随声附和，或者“拐弯抹角”。因为，这样不仅不利于和对方顺畅地沟通，还会给人不诚实和生分的感觉。

纵然是在指出对方缺点和批评对方过失的时候，也应该真诚而明白地指出来，这样不仅不会伤害对方的感情，反而有助于增进友谊和加深关系。

2.赞美但不要奉承

当朋友事业有成或者有什么高兴事时，在适当的场合、适当的时间给予真心诚意的祝福和赞美，并与之共同分享快乐，但是千万不要认为所有的好听话都会受到欢迎。其实，一个人真正想从朋友那里得到的是善意的忠告和警戒，而不是华而不实的恭维话。很多人就是从别人说的话中来判断是否和对方成为朋友的。

3.安慰并给予实际的帮助

当别人遇到困难的时候，给予亲切的安慰和实际的帮助更能体现一个人的真诚。当对方心情不好或者遇到麻烦的时候，如果你说的既不是安抚和宽慰对方的话，也不是帮助对方解决问题的建议，而是些不着边际或者无关紧要的话，那别人肯定会觉得你是一个“事不关己，高高挂起”的旁观者。你怎么对别人，别人也会怎么对待你，从此以后，你就不要指望别人会真诚地对你了。

关注聚会中被冷落的人

人缘主要是个人与众人的感情联系。一个人应有自己的个性，但为了事业成功，为了大家能接受自己，也必须适当争取人缘，而人缘作为一种人与人感情联系的结果，是人们平时努力争取得来的。当然，我们所说的“争取”也是要讲究诚意和技巧的，汇聚人脉不必表现得太急切、太功利，否则任何一个看穿了你的目的的人，都会对你敬而远之。

下面一种场景，在生活中极为常见：

一场家宴中，宴席上坐着男主人、科长，以及男主人的几位同事，圆桌上的酒菜已经摆得让人感觉到全心全意了，可是，围着花围裙的主妇还是一个劲地上菜，嘴上直说：“没有什么好吃的，请对付着用点！”

男主人则站起来，把科长面前吃得半空的菜盘撤掉，接过热菜放在科长面前，热情有余地给科长夹菜、添酒，而对其他同事只是敷衍地说声“请”。

面对这样“尊卑有别”的款待，试想男主人的几位同事将作何感想？他们很难堪，其中两位竟愤然起来，未等宴席告终，就“有事”告辞了。

像这样的宴席，主人眼里只有科长，而慢待他人，使同事们的自尊心和面子受到损伤，非但不能增进主客间的友谊，反而会造成隔阂。

尽管人们在社交中需要分清主次，有轻有重，不可能平均用力、整齐划一，但聪明的人，在保证“重点”的时候，绝不忽略“一般”。

香港广告界著名人士林燕妮，在主持广告公司时，曾与李嘉诚的长实集团有业务往来。广告市场是买方市场，只有广告商有求于客户，而客户丝毫不用担心有广告无人做。这样，自然会滋长客户尤其是大客户颐指气使、盛气凌人的气焰。

林燕妮回忆道：“头一遭去长实总部商谈，李嘉诚十分客气，预先派了穿长实制服的男服务员在地下电梯门口等我们，招呼我们上去。电梯上不了顶楼，踏进了长实大厦办公厅，更换了个穿着制服的服务员陪着我们拾级步上顶楼，李先生在那儿等我们。那天下雨，我的一身雨水湿淋淋的，李先生见了，便帮我脱下外衣，他亲手接过，亲手替我挂上，不劳服务员之手。”

双方做了第一单广告业务后，彼此信任，李嘉诚便减少参与广告事宜，由助手出面商谈下一步的售楼广告，并叮嘱他们“不要劳烦人家太多”。

一些真正的大人物，给人的感觉是亲切温暖，有如春风般和煦的，于是大家像众星捧月一样，以与之合作为荣。人心财富，自然就汇流成河。

对于普通大众来说，无论实力地位都无甚可骄傲处，似乎还轮不到我们去“关怀”被冷落的人。其实并非如此，在现实生活中，每个人都会在一个特定的时间或环境中处于优势地位，比如我们面对的是一个年纪轻经验少的人、职场上的后来者、资金更微薄的同行、甚至你熟悉的圈子里的一个陌生人，这种情况下，就是要表现你的热情和周到的时候了。

在待人的态度问题上，孔子说过要“上交不谄，下交不渎”，就是说在与人交往时，要既不谄媚讨好位尊者，也不歧视冷落位卑者，端庄而不过于矜持，谦逊而不矫饰造作，充分显示出你的诚挚内心。

我们常常会听到周围有这样的评价：某某人做事真周到。这样的话，肯定就是对那些善于日常应酬中做事圆满者的赞赏，同时也说明了被赞赏者是日常应酬的成功者。

热情的人不求回报，但回报往往超出预期

虽然我们已经知道热情的“中心效应”在树立良好印象上的重要性，但还是有许多人不知道该怎样来表达自己的热情。

一个刚参加工作的年轻人，性格内向，每当有新同事来或是朋友给他介绍新的朋友时，他总是点点头，然后就没什么话说了。后来，他听说别人都在抱怨他，说他不热情、清高、不愿理睬人。刚刚开始的人际关系，就这么搁浅了。

这位年轻人的困惑是人际交往中普遍存在的问题。要想解决这一问题，就需要我们找到表达热情的方法，并最终赢得人心。

在我们身边，各种俱乐部、网球场、联欢会……人生到处存在着这些各式各样的圈子。每个圈子都有它自己的一套自成体系的游戏规则，如果你能融入圈子，把你仰慕的对象变成你的朋友，找到一位可以影响你一生的贵人，那么成功就离你不远了。

艾伦是一家酒吧的驻唱歌手，她与老板签了合同，每个晚上都要去那里唱三首歌。这几天艾伦发现有一位40岁左右的男人常来酒吧，他的风度气质，都非常得从容淡定，与众不同。在别的歌手唱歌时，那位男士只是静静地喝酒，只要是艾伦上台，他就听得非常专注，所以艾伦对他印象深刻。

有一天，艾伦在唱完一支歌休息的时候，走近那位男士的桌子，举起手中的酒杯，微笑着对眼前的男人说："先生，谢谢你为我这个无名小卒捧场，我敬你一杯。"

"小姐，你的歌声很有感染力，受过专业训练吗？"

艾伦坐下来，把自己的经历简单地说了一遍。原来，艾伦从小喜欢唱歌，为了实现自己的梦想，她离开家乡到这个城市寻找机会，为了生计，她只好先在酒吧打工挣钱。

这时，那个男人的手机响了起来，他掏出一张名片，对艾伦说："小姐，这是我的名片，明天你到这个地址找我，我们好好谈一谈。"说罢便急忙地走了。

艾伦看到名片上的名字，吃惊不小，原来，这位男士就是那个她素来仰慕的音乐制作人，许多成名歌手都是从他那里走出来的。

有许多人总是以为自己怀才不遇，这里面当然也有客观的原因，然而因为自己的自卑和退缩而错过机会的，也不在少数。如果你想在某个方面寻找突破口，有人拉一把肯定比你盲目地独自摸索强得多。在面对那些强有力的人物或者你还不能摸清他来头的人时，不必先有畏惧之心，他们也是人，也需要别人的支持与合作。你可以这样想：面对任何一种人生的转折，我都要试一次，成了，我的生活会从此进入一个新的境界；不成，就当是一次练兵吧，反正也没有什么损失。

2006年8月18日，李伟创办的思念食品在新加坡证交所主板正式挂牌，这是中国速冻食品行业首家在海外上市的企业。

1990年，郑州大学新闻系毕业的李伟踌躇满志地做过公务员、记者，几年之后，辞职下海。先后卖过芝麻糊、开过电子游戏厅、做过苹果牌牛仔裤的代理商，他说：“我对经营新项目有着特殊爱好。”

1996年，李伟才真正找到一个发展的契机。当时联合利华生产的和路雪冰淇淋开始在北京、上海、广州等大城市畅销，百乐宝、可爱多、梦龙、千层雪等冰淇淋一支卖到4元左右，利润空间非常大。“要是能做和路雪的郑州总经销就好了。”这就是当时李伟最想做的事情。没想到，这一简单的想法给他后来的发展带来了莫大的商机。

由于当时和路雪刚进入中国市场，仅在一线城市销售，像郑州这样的二线城市根本不在联合利华的考虑之列，因此当李伟跑到和路雪设在北京的总部要求做河南总经销时，对方根本不予理睬。

执著的李伟没有气馁，先后到北京跑了不下10次，对方被李伟锲而不舍的诚意所感动，和路雪开始对郑州市场进行评估和考察。

在对方到郑州进行最后一次考察时，李伟从朋友那里借了2000元钱，在郑州最高档的酒店请对方吃饭，甚至不惜投其所好，和一帮哥们儿在餐桌上绞尽脑汁跟对方大侃足球，结果对方心花怒放，当场决定让李伟“试试”。

这一“试”就一发不可收拾。李伟不仅通过经销和路雪积累了一笔可观的财富，也给他后来进入速冻食品业提供了条件。当时和路雪在郑州给李伟配备了5辆冷冻车，并建造了上千立方米的冷库，这都是他后来涉足冷冻食品行业，创建“思念”品牌的重要基础。

在许多人生的转折点上，贵人离你也许很远，也许又很近，关键在于你能不能调整好自己的步调，成功地进入一个新的圈子。

与别人建立互惠互利的双赢关系不会使你愉快吗？提升自己的业绩不能让你高兴吗？赚更多的钱不令你兴奋吗？……看吧，有这么多让你高兴的理由，为什么还不去做呢？

你要知道，当你对某些事情充满热情时，这种热情是会感染与你接触的其他人的，会吸引别人关注你所热衷的事物，使其也会被这种氛围所同化，不设心防地回应参与，并乐在其中。

第 4 种能力

轻松营造“一见如故”的交往氛围

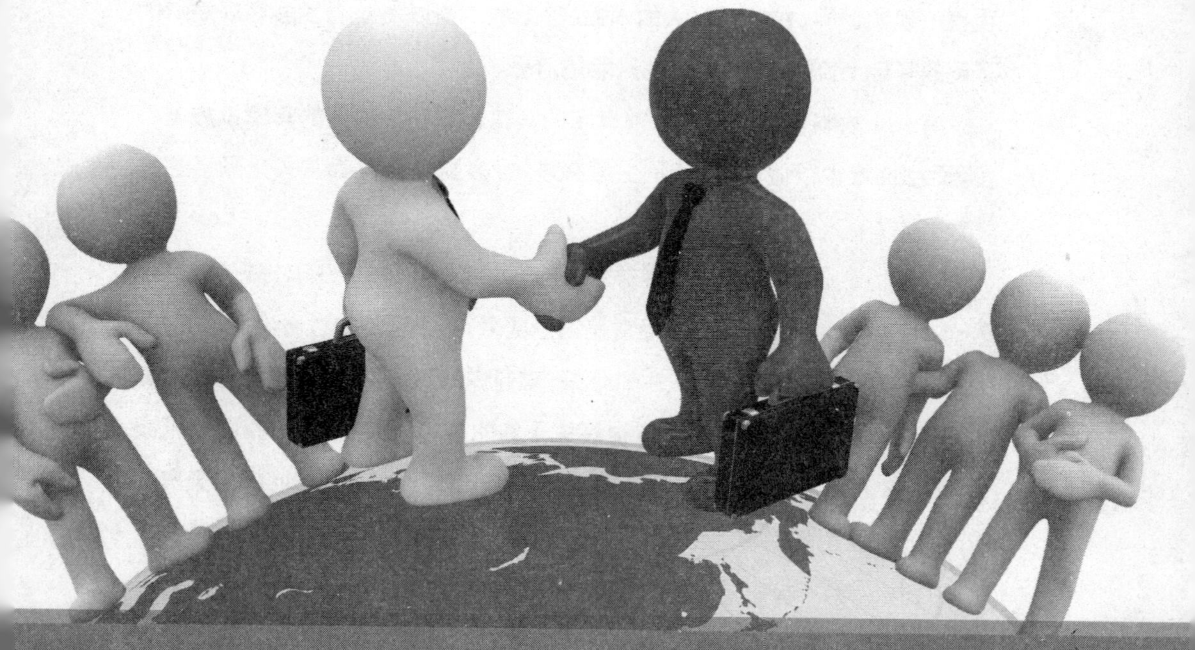

人们在心情愉悦、对来人充满好感的情况下，都愿意给人提供更多的方便、给予更多的帮助。所以不论是交朋友还是谈事情，当时氛围好坏是一项决定性的因素。

良好的氛围，不是谁都可以“赶上”或者“撞上”的，这就需要我们贴近对方的心态，调节好现场的气氛。会给自己铺路搭桥的人，朋友多，路也走得顺。

谈正题之前，先做好感情的铺垫

有些人往往容易把应酬、客套、寒暄甚至是聊天这些基础的交往行为看做是虚伪、庸俗和毫无意义的东西，在思想上加以排斥，在行动上加以抵制，他们总希望抛开利益的纠葛在尘世间找到一块心灵的净土。这种理想是美好的，也是一种很值得追求的境界，但是在现实中却办不到。因为这种想法并非植根于现实世界，在缺乏对人的本性、社会的本质以及社会发展客观规律的了解的基础上，再美好的理想也只能是幻想。

有一个故事，讲的是一个很有名的宾馆，那宾馆和别的宾馆设施差不多，而且位置也很偏僻，可就是生意兴隆，好多国家元首都常去光顾。这是为什么呢？

当人们走进宾馆的时候，服务生会向你问候："小姐（先生），你好！欢迎你第一次光临！"她这样一说，你绝对是第一次来，如果你是去过一次的话，服务生会这样对你说："XX女士（先生），你好，欢迎你的到来，工作还顺利吗？在XX地方还愉快吗……"服务生会说很多关于你的事情，你当初是坐在哪一张桌子，和什么人谈话，穿的是什么衣服，办的是什么事，哪一天来的，哪一天离去的，住在什么房间，你是否还要住那间房间？你是前几天来的也好，你是几年前来的也好，绝不会出错，在墙壁上印有明信片，明信片里还有你的照片。

想想看，多年以后，一个你不认识的人突然对你说这些话，这么多年还记得你，你的感受如何，感动就不说了。为什么那个宾馆的生意那么好，也就是这个原因。在人与人的接触中，"客套"的作用，远远比我们想象中的效果要大得多。

真正善于处理关系的高手，更是可以在那些不着痕迹的"客套"中，达到既办了事，又交了人的目的。

清末，红顶商人胡雪岩在他的义兄、湖州知府王有龄的帮助下，打下自己在官、商两道的一片江山。

在王有龄上面，更大的靠山是江苏学政何桂清。王有龄与何桂清是故交，如果何桂清能到浙江来做巡抚，在他的治下，王、胡二人的事业就可以更上一层楼了。

论能力和资格，何桂清也算够分量，可如果不去争取，馅饼也不会凭空掉下来。这事要成功，就需要王有龄出主意，胡雪岩出银子，何桂清自己去京里打点。

封疆开府，主持一地的军政大事，对每个从政的人都有着致命的诱惑。何桂清出身寒门，金榜高中之后，做的都是有“清贵”的官职——也就是有名份没好处的位子，当然也想尝尝放外任的滋味。现在有人出钱打基础，从他心底里来说倒是乐意的。

大方向已定，剩下的就是细节上的操作了。于是王有龄写了一封信，详说此事的始末。这封信胡雪岩亲自封缄，内中附了一张五千两银票。虽说白花花的银子谁都爱，但对这位翰林出身，可以“专折奏事”上达天听的学政大人来说，似乎有那么一点儿不恭。而且更重要的一点是，何、胡二人素未谋面，刚一相交，就指着银子说话，何桂清的脸面上也下不去。打听到何桂清是云南人，所以胡雪岩特意托人淘弄了四样云南土产。这四样土产是宣威火腿、紫大头菜、鸡棕菌和咸牛肉干，虽然数量不多，但也正因为数量不多，便显得物以稀为贵了。

如此，送银子为主，胡雪岩却送得不动声色，让其处于从属的位置上；送土产虽为宾，却又大张旗鼓地提出来，给何桂清一个应和的台阶。

何桂清收到礼物，心到神知，竟然破例回访、首先向胡雪岩道谢：“多蒙专程下顾，隆仪尤其心感，天南万里，何况烽火，居然得尝家乡风味，太难得了。”

胡雪岩这礼物选得巧妙，使何学政大有知己之感，与如此知情识趣的人相交，是可以放心地敞开心扉深谈的。

送人情不仅要懂得分寸，更要懂得艺术。如果你“现用现交”，只一锤子买卖，尽管只拿硬通货与对方交换。若想交得深、交得透，就不妨加些感情的点缀，给人一个继续往来的理由。精美的手工艺品、难得的门票、远道的土特产等等，都可以淡化交易的味道，表现你的细心和周到。

与人相交，要讲究循序渐进。因为人都有戒心，这是很自然的，一开始就赤裸裸地谈交易，对方必然会采取关上大门的自卫姿态，甚至认为你居心不良，因而拒绝你的接近，名人、富人或有权势之人，更是如此。

善于处理人脉关系的人，此时必定会采取积极主动的态度，以一些边缘话题拉近双方的关系，对方会很快感受到你的热情，而也给你热情的回应。

拉近距离，把“我的”说成“我们的”

人人都离不开交际，交际靠的是交际能力。有些人不善交际，所以处处感到别扭，仿佛到处都是路障；有些人则不同，他们善于观察，巧妙自如地在社交圈里驰骋纵横。其实，社交场是磨练人的战场，有些人跑断了腿却无济于事，有些人却利用社交，磨练出了人生智慧，打了一个又一个胜仗。

想让自己拥有的成功，绝对不能忽视了你的“人缘”。在现实生活中，有些人仿佛天生就有一种魅力，三言两语，就能使双方的关系提升到一个新的层次。这里面有一个非常简单实用的小技巧，那就是把对方当成自己人，以“咱们”为出发点考虑问题，自然而然地，他就会被你的热情所吸引。

一条街上有三家水果店。

一天，有位老太太来到第一家店里，问：“有枣儿卖吗？”

店主见有生意，马上迎上前说：“老太太，买枣儿啊？您看我这枣儿又大又甜，还是刚进回来的货，新鲜得很呢！”

没想到老太太一听，竟扭头走了。

店主纳闷着：“哎，奇怪啊，我哪里得罪老太太了？”

老太太接着来到第二家水果店，同样问：“有枣儿卖吗？”

第二位店主马上迎上前，说：“老太太，您要买枣儿啊？”

“啊。”老太太应道。

“我这里枣儿有酸的，也有甜的，那您是想买酸的还是想买甜的？”

"我想买一斤酸枣。"

于是老太太买了一斤酸枣就回去了。

第二天，老太太来到第三家水果店，同样问："有枣子卖吗？"

第三位店主同样马上迎上前，说："老太太，您要买枣子啊？"

"啊。"老太太应道。

"我这里枣子有酸的，也有甜的，那您是想买酸的还是想买甜的？"

"我想买一斤酸枣。"

与前一天在第二家店里发生的一幕一样，但第三位店主在边给老太太称酸枣时，边聊道："在我这买枣儿的人一般都喜欢甜的，可您为什么要买酸的呢？"

"哦，最近我儿媳妇怀上孩子啦，特别喜欢吃酸枣。"

"哎呀！那要特别恭喜您老人家快要抱孙子了！有您这样会照顾人的婆婆，可真是您儿媳妇天大的福气啊！"

"哪里哪里，怀孕期间最要紧的当然是吃好，胃口好，营养好啊！"

"是啊，怀孕期间的营养是非常关键的，不仅要多补充些高蛋白的食物，听说多吃些维生素丰富的水果，生下的宝宝会更聪明些！"

"是啊！吃哪种水果含的维生素更丰富些呢？"

"很多书上说猕猴桃含维生素最丰富！"

"那你这有猕猴桃卖吗？"

"当然有，您看我这的猕猴桃个大，汁多，含维生素多，虽然包装不如大超市那么精美，但物美价廉，咱们自己吃正合适。"

这样，老太太不仅买了一斤枣子，还买了一斤进口的猕猴桃，而且以后几乎每隔一两天就要来这家店里买各种水果。

著名作家丁·马菲曾经说过："尽量不说意义深远及新奇的话语，而以身旁的琐事为话题作为开端，是促进人际关系成功的钥匙。"

因此，如果能暗中察知别人的心理需求，人们自然会因你的善解人意而心情愉快，并更进一步地对你产生好感。总之，能够确切地把握人们这种内心期待评价的心态，即是掌握了一种不同于阿谀奉承的人际关系技巧。

不要以为这只是一种适用于街头巷尾的小把戏，站在对方的立场说话，才是解决一切问题的根本方式。

1915年,小洛克菲勒还是科罗拉多州一个不起眼的人物。当时,发生了美国工业史上最激烈的罢工,并且持续达两年之久。愤怒的矿工要求科罗拉多燃料公司提高薪水,小洛克菲勒正负责管理这家公司。由于群情激愤,公司的财产遭受破坏,军队前来镇压,因而造成流血,不少罢工工人被枪杀。

那样的情况,可说是民怨沸腾。可小洛克菲勒后来却赢得了罢工者的信服,他是怎么做到的呢?

小洛克菲勒花了好几个星期结交朋友,并向罢工者代表发表了一次充满真情的演说。那次的演说可称之不朽,它不但平息了众怒,还为小洛克菲勒赢得了不少赞誉。演说的内容是这样的:

“这是我一生当中最值得纪念的日子,因为这是我第一次有幸能和这家大公司的员工代表见面,还有公司行政人员和管理人员。我可以告诉你们,我很高兴站在这里,有生之年都不会忘记这次聚会。假如这次聚会提早两个星期举行,那么对你们来说,我只是个陌生人,我也只认得少数几张面孔。由于上个星期以来,我有机会拜访整个附近南区矿场的营地,私下和大部分代表交谈过,我拜访过你们的家庭,与你们的家人见过面,因而现在我不算是陌生人,可以说是朋友了。基于这份互助的友谊,我很高兴有这个机会和大家讨论我们的共同利益。

“由于这个会议是由资方和劳工代表所组成,承蒙你们的好意,我得以坐在这里。虽然我并非股东或劳工,但我深觉与你们关系密切。从某种意义上说,也代表了资方和劳工。”

多么出色的一番以情感人的话语啊!这可能是化敌为友最佳的艺术表现形式之一。假如小洛克菲勒采用的是另一种方法,与矿工们争得面红耳赤,用各种理由证明矿工的不是,结果会如何?可只会招惹更多怨愤和暴行。但是小洛克菲勒把“你们的”的利益,变成了“我们大家”的利益,无形中就减轻了工人们的敌视心理,找到了解决问题的突破口。

人际关系亦即人缘,这种东西是自己要去创造的,并不会从天上掉下来的。如果太客气、太生硬、太内向,将失去许多和人接触的机会。许多人就是由于欠缺这种能力,所以困难重重,事事不顺。而有些人天生就会做人,每个与之交往的人都如沐春风，把他们当成能给自己带来快乐的、最好的朋友。这样的人，一生的路应该会非常好走，如果有特殊才华会成就一番事业。

就他人最在行的事情提问

俗话说得好："一回生二回熟。"若要衡量一次谈话的成败，首先要审视交谈的话题。因为合适的话题，是交谈的第一要素，不容轻视，更不能忽视。一般情况下，谈话要选择一些容易引起对方谈兴的话题，这样有利于创造一个轻松活跃的谈话氛围，使交谈得以深入，友谊得以发展。

在交际中，我们对每一次交谈的话题都应该精心选择，不应随心所欲，张口就来；若如此，在还未进入交谈内容，就已经危机四伏了。

于锋是一位记者，有一位他去采访一位科学家，到了科学家那里，他看到墙上挂着几张风景照，于是就谈起了构思、色调等，原来这位科学家爱好摄影，他兴致勃勃地拿出了他的相册，整个谈话气氛非常融洽。正是由于这种气氛，使后面的正题采访进行得非常顺利。

又有一次，于锋去采访一位老教师，临行前同事告诉他说这位老教师脾气耿直，说不好三言两语就把人打发了。于锋到学校去找他，他正在跟传达室的人发脾气。于锋一听他说话的口音是湖北人，心里暗暗高兴，因为他也是湖北人。后来，他们的交谈就从家乡谈起，越谈越热乎，这一段题外话也为采访做了很好的铺垫。

陌生人之间无疑是存在或多或少的戒备之心的，如果互相不知道彼此的背景，是很难找到话题的。当一个人特意要去结识一个从未打过交道的陌生人时，可以通过多种渠道了解对方的背景、经历、性格、喜恶，在交谈之中针对对方的特点有的放矢、投其所好，从而建立新的人脉。

有个青年想向一位老中医求教针灸技巧，为了博得老中医的欢心，他在登门求教之前作了细致的调查了解。他了解到老中医平时爱好书法，遂浏览了些书法方面的书籍。起初，老中医对他态度冷淡，但当青年人发现老中医案几上放着书写好的书法，便拿起来边欣赏边说："老先生这副墨宝写得雄劲挺拔，真是好书法啊！"对老中医的书法这一番赞赏，促使老中医升起愉悦感和自豪感。接着，青年人又说："老先生，您这写的是唐代颜真卿所创的颜体吧？"这样，就进一步激发了老中医的谈话兴趣。果然，老中医的态度转化了，话也多了起来。接着，青年人对所谈话题着意挖掘，环环相扣，致使老中医精神大振，似遇知己之感，谈锋甚健。终于，老中医欣然收下了这个"懂书法"的弟子。

交谈中，一个好的话题是初步交谈的媒介、深入细谈的基础、纵情畅叙的开端。但在具体选择话题时，要顾及谈话对象。一个话题，只有让对方感兴趣，谈话才有维持和继续的可能。比如，自己是球迷，就切莫以为别人都是球迷，逢人就谈球赛，遇到对球不感兴趣的人也大谈特谈，让对方感到索然无味、失去兴趣。

有位未上过门的女婿初次登岳父家门，发现岳父家的茶杯、茶壶、碗碟等用具都是非常精致的花瓷器，马上就判断出老爷子喜欢什么，他便称赞说："这青花瓷器感觉古朴典雅，简直太精致了。"就一句话，把岳父高兴得合不上嘴，他们马上有了共同的话题，谈得非常投机。

由此可见，要想根据别人的潜在心理说话，把话说到对方的心坎儿上，就要时刻注意揣摩你的交际对象心里在想什么。如果你说的话与对方的心理吻合，对方就乐于接受；反之，你说的话就会使对方产生排斥和抵触心理。

要赢得别人喜欢，就要谈论对方感兴趣的事。因此，在待人处世方面有经验的人都知道，遇到老人就一定要去谈他的小孙子、小孙女，在老人心目中，他的小孙子、小孙女是最可爱的。你给老人买东西还不如给小孩买东西让他印象深刻。另外，对一个集邮迷你不妨谈谈邮票；对一个足球迷谈他喜欢的球队如何取胜，球技如何高超；对注重养生之道者谈谈气功和太极拳；向一个成功者请教他的奋斗史和成功的经验……

选择话题，除了注意对方的需求外，还要小心避开对方的禁忌，尽量选择"安全系数大"的话题。每个人除了有若干"禁区"外，还存在"敏感地带"，谈话中都应当小心避开。譬如，与不幸者忌谈他遭受不幸的往事与失恋者忌谈爱情与婚姻问题；与残疾人的家庭忌谈家中的那位残疾者等等。有时，与医生、律师等专业人士交谈，在他们工作以外的时间里，不宜谈过分具体的专业话题，如什么病该怎么医治，什么纠纷该怎么处理等。同要人交谈，往往忌谈政治、宗教和性的问题。对于一些很难处理的“敏感话题”，一般要尽量避而不谈。

与人交谈时，如果能找到好话题，就能把话说到对方心坎儿上，就会使你言到功成！换句话说，只要你能够投其所好，见什么人说什么话，就能够成为待人处世中的大赢家。

友善的态度，使你的人气总是很旺

几乎我们每个人都希望自己能得到鲜花、掌声、赞美，不希望被别人贬低、嘲笑、责备，然而，现实生活中，人与人之间难免会有摩擦、烦恼、矛盾。

于是，抱怨和责备随之而来。指责不仅会使事情按自己意想不到的那样发展，也会给自己带来意想不到的麻烦。在生活中，真正聪明的人最好不要去抱怨、责备别人。学会大度宽容，就会使你赢得一个合谐的人际环境。不要对别人的过错耿耿于怀，念念不忘。生活的路，因为有了大度和宽容，才会越走越宽；思想狭隘，则会把自己逼进死胡同。

友善可以获得真正的友谊，无端的争斗只能造成两败俱伤；友善可以化解矛盾，无情的指责只会使问题恶化。每一个人都是一个潜在的朋友，每个人都可以成为你的朋友有没有朋友，完全在于你自己。

对于希拉里·克林顿，我们并不陌生，这位美国前第一夫人给人以智慧、干练的形象。当她以美国新任国务卿的身份再次来到中国时，又处处体现着亲切和随和。

2009 年 2 月 21 日，身着一袭黑衣、颈带白色珍珠项链的希拉里·克林顿出现在了钓鱼台国宾馆的 18 号楼。她步履轻盈，微笑着与见到的每一位中方人员打招呼，丝毫没有陌生的感觉。似乎等待她的不是一场众人关注的政治会谈，而只是老友之间的一次重逢而已。

国宾馆的18号楼，和希拉里渊源颇深，1998年，希拉里作为第一夫人，陪同她的丈夫——当时的美国总统克林顿访问中国，就住在钓鱼台18号楼。

闪光灯不停闪烁，记录下希拉里和外交部部长杨洁篪握手的那一刻时，希拉里禁不住内心的欣喜，第一次提起了18号楼。“我很高兴能再次回到这里。这里给我带来了许多美好的回忆。”她动情地说。

21日下午，希拉里与清华大学40多名师生一起，进行了一场别开生面的座谈会。座谈会上，希拉里幽默地引用了中国成语来提醒在座的各位不要“临渴掘井”，也希望中美两国能在应对气候变化问题上共同努力，携手共进。

座谈会一结束，希拉里就走下讲台，与在场的每位师生握手问候。现场的一位同学不失时机地拿出希拉里的自传请求签名，这位新任国务卿立即爽快地在书的扉页上签下了自己的名字。

富于亲和力的姿态，可以使接触的双方顺利沟通，不但有利于解决问题、推动工作、增进了解、发展友谊，而且令人心情愉快。

我们常喜欢根据自己的经验来指导别人，认为别人有同样的需要。在与人打交道时，更多的是盯住别人的缺点和引起自己不快的环境，而不从自身找原因，所以，多站在他人的角度看问题，多跟别人分享看法，懂得在适当的时候采纳他人的意见，这样你才能获得众人的接纳和支持，才能顺利开展工作，才会获得更多的友谊。

我们要善于与别人合作，善于主动认识别人、主动请教别人、主动关怀别人，只有这样，我们才可能获得良好的人际关系。具体说来，你可以从以下方面做起：

1. 打招呼是一种好习惯

打招呼是对等的，有人跟自己打招呼，立刻回声招呼才是基本礼仪。面对讨厌的人时，一般人都会不由自主想回避，这种做法是错的。越是讨厌的人，越要控制自己的情感，积极地去接近对方。礼貌这种东西就像交通规则一样，别人不遵守并不代表自己也可以不遵守，就算没有人要遵守，自己也得坚持到底不可。

2. 少一点设防心理

在生活中，我们会有一些设防心理。人与人之间在交往中有意或无意采取措施的设防行为就是设防心理。在两个人独处的时候，我们不时地会有些防范心理；在人多的时候，你会感到没有自己的空间，自己的物品是否安全；你的日记总是锁得很紧，这是怕别人夺走你的秘密。为了这些，你要设防，这种心理是很正常的，但是，如果过于防御别人，则会对你的人际关系起到负面作用，阻止你与他人的正常交流。

3. 平时与朋友间保持联系

建立“关系”最基本的原则就是：不要与别人失去联络，不要等到有麻烦时才想到别人。“关系”就像一把刀，常常磨才不会生锈。若半年以上不联系，就会变得生疏。所以主动联系显得十分重要。试着经常打电话，有空的时候发一个 E-mail，休闲的时候发一则问候的短信，或者联上 QQ 聊上几句都是简单有效的方法。

寻找共同点，拉近交往距离

在生活中，我们会发现有人天生就有人缘儿，即使在一个陌生的环境，只要一开口，马上就会调动起周围人的情绪，赢得大家的喜欢。这种人缘儿，符合心理学上的“亲和效应”，而其中共同的奥秘就是：找到相同点，使其成为自己人。

所谓“自己人”，大体上是指那些与自己存在着某些共同之处的人。这种共同之处，可以是血缘、姻缘、地缘、学缘、业缘关系，可以是志向、兴趣、爱好、利益，也可以是彼此共处于同一团体或同一组织。在现实生活里，人们往往更喜欢把与那些与自己志向相同、利益一致的，或者同属于某一团体、组织的人视为“自己人”。

因为是“自己人”，所以会感到相互之间更容易接近，而这种相互接近，则通常又会使交往对象之间萌生亲切感，并且更加相互接近，相互体谅。

在我们与他人的交往过程中，本来就是“自己人”的好说，多谈谈“咱们自己”的事儿，自然就会形成一个个亲密关系联盟。至于不是“自己人”的，最好也要尽量往“自己人”的方向靠。人类本来就是一个大家庭，若有心寻找共同点，总会有所发现的。

高悦是本是学中文的，但进了公司以后一直搞销售，业绩一向不错。同事们都说她有天然的亲和力，用不了多长时间，和新客户就处成了老朋友。

高悦有个小秘密，那就是她总是可以和客户套上“同乡”关系。高悦的父亲是江西人，母亲是上海人，她本人也是在上海出生的，这两个地方出来的人，自然是她名正言顺的同乡。北京吗，那是高悦上大学的地方，当年她又爱四处逛，胡同的照片都拍了不少，侃起来自然也头头是道。如今高悦的工作有调整，从上海本部被派驻武汉，那里也就成了她的大本营，自己从此也以半个湖北人自命。

在交际场合，人们“套同乡”，找的就是一种“认同感”，如果你可以很自然地谈起他所熟悉的风土人物，你们就有了一种“自己人”的感觉。以后再谈及什么正事、实事，这就是良好的润滑剂。

人们对于同乡的情感都是发自肺腑的，因为同乡的关系大都具有人文情感和地域情感的双重特点，一个村子的人，到了镇里就成了同乡，一个县里的人到了省里，也成了同乡，一个省的人到了首都便成为了同乡，而一个国家的人到了国外就更是同乡了。同乡与同乡的联系，在地域，更在于感情，如果你对一个地方的熟悉和喜爱溢于言表，就等于是对那个地方出来的人的尊重与肯定，这时候，他就不会计较你说是父母的家乡还是你曾经生活过的地方了，他会把你当成实实在在的“老乡”去相处。

只要有意去找共同点，人与人之间可以引起共鸣的关系是很多的，同乡之外，你完全可以通过当时的所见所闻，随机找到新的话题。

与陌生人之间交谈，要看准情势，不放过应当说话的机会，适时地“自我表现”，能让对方充分了解自己。陌生人如能从你的谈话中引起共鸣、获取教益，双方会更亲近。还可以利用媒介物找出共同语言，缩短双方距离。如你见一位陌生人手里拿着一本厚书，可问：“这是什么书啊？这么厚，您一定十分喜欢学习吧！”对别人的一切显出浓厚兴趣，通过媒介物引发他表露自我的心情，交谈就会顺利进行。

我们要注意，在与尚未熟识的人说话时，最好选择较为轻松愉快的话题，这样可以使说话自然顺畅地展开。毕竟，沉重的话题使大家心情沉重，有争议的话题又容易引发冲突和不快。社交场合应该是令人身心放松的愉悦之地，选择能烘托气氛的轻松话题是最明智的举动。对方既不是熟识的朋友，交心就免了吧，轻松自如是最关键的。

我们与陌生人说话时，还需要顾及对方对该事物的兴趣，顺着他的心理倾向而谈，如对一位做学问的专家学者就不能谈“股票”、“生意经”；对一位经商的人就不能谈“治学之道”。一个具有敬业精神、勇于开拓事业的人，喜欢听事业、工作方面的具体指导和建议；生活困难、穷困潦倒的人喜欢听到扶贫济困、发财致富的信息。不同的兴趣有不同的“兴奋点”，兴趣相投的人聚在一起交谈，可以激发出话题焦点的“火花”，进而产生思想、感情的共鸣。

有人认为，素昧平生，初次见面，何来共同感兴趣的话题？这就要求我们在讲话时要仔细观察对方，从他的兴趣、爱好、个性特点以及他的水平和心情处境入手，初次见面要做到这一点，就要由细微处见品性。只要善于寻找，何愁没有共同语言？

记住他的名字，并且用自然的口气叫出来

在建立人际关系网络时，最令人头疼的一件事大概就是怎样自如地和陌生人交往。其实，与陌生人交往的最大问题，就是自己的心理障碍，只要你回忆一下别人主动与你交谈时的内心激动，就会明白无论是认识别人还是被别人认识，都是令人愉快的事情。

主动向别人打招呼和表示友好的做法，会使对方产生“他乡遇故知”的美好感觉。如果一个人以主动热情的姿态走遍会场的每个角落，那么，在那里要

轻松、自在多了。一旦这种做法成为习惯，你就会变得更加洒脱自然，你的朋友会越来越多，事业也会越来越兴旺发达。

在和陌生人接触时，一个比较关键的细节就是该如何称呼对方。称呼得好，就可以迅速拉近彼此之间的心理距离，使双方很快建立友好关系；称呼得不到位，双方还是会形同陌路，关系难以发展。

一些比较大众化的称呼，一般也不要使用，这会使对方感觉你和别人完全一样，没什么特别的，你们之间的关系也是一般而已。所以你应该使用一些比较特别的、让别人感觉亲近的称呼，来迅速确定你们的关系。

从心理学角度来讲，当两个人心理上的距离越来越靠近时，他们的称呼法也会从姓加头衔，然后到名，再到昵称。

这种通过改变称呼来拉近彼此间心理距离的方法，在我们的生活中应用极为广泛。

有一位广告公司的业务员，一次要去拜访一位房地产公司的老总。房地产公司有位前台小姐叫岳珊珊。岳珊珊作为一位接待小姐，每天都要接触到不少的访客，业务员要想见到老总，必须先过了她这一关。

第一次拜访时，业务员是一付公事公办的口气，他说："小姐，能不能给我通报一下你们老总，我有很重要的事情要和他谈。"

"对不起，今天李总吩咐不见客。"岳珊珊一点都不给他面子。

第二天，业务员又来了。他这次改变了风格，在聊了两句天气之后，他认真地看了看她胸前的名牌标志，说道："呀，改变发型了，很适合你的风格嘛，以后就叫你'珊珊'好了。珊珊，我今天有重要的事情得跟李总谈，请转告一声。"他说完后热切地看着岳珊珊。岳珊珊这次变得非常爽快，立刻带他去见李总。

一般而言，先生、小姐等称呼是比较正式的，如果总是运用这样的称呼，给对方的感觉是你始终和他保持着一段距离，他自然就要和你也保持距离了，但是，直接称呼对方的名字，是关系很好的朋友之间才用的，自然地改变称呼，便会迅速拉近彼此之间的距离，加深双方之间的感情。

当然，就一般的生意场合而言，如何改变称呼还是要看具体情况，并不是越早改变称呼就越好，也不是一上来就直接称呼对方名字就好，你应该根据双方关系的进展情况来随机应变。有时你有必要让出一段时间让对方慢慢习惯，不要操之过急，否则会显得轻浮。在改变称呼时要不留痕迹，尽显自然。

可惜的是，有人从不用心去记别人的姓名，他们辩解的理由不外是因为工作太忙，没有心思记这些事。相信我们都有过一两次这样的经历。在公共场合上遇到前不久才刚认识的朋友，对方热情地说："还记得我的姓名吗？"而你却突然忘了，于是只好尴尬地站在那里傻笑。

为什么很容易忘记对方的姓名呢？难道是你天生记忆力就不好吗？不是，是因为你根本不想认真地去记住它，或者你根本就不在乎是否能够记住它。所以，你的记忆力才在无形中丧失了。世界上天生就能记住别人名字的天才并不多见，那些能脱口而出别人名字的人通常都在背后下过一番苦功，如何把别人的名字牢牢记住，也是需要一些技巧的。

1. 将注意力集中在对方身上

集中注意力是十分关键的一点，如果你在第二次与人见面 10 秒钟后还在绞尽脑汁追忆他叫什么时，很显然，说明你已经忘了他的名字了，而这归根结底就在于你在与其初识时，并没有集中注意力去记住此人的名字。

因此，想要记住别人的名字，那么一定要在对方自报家门时集中你的全部注意力，假如你当时没能做到，那也不要因为怕得罪对方而难以启齿，此时你要礼貌地请对方再重复一遍，这样总比你对他人的名字毫无印象要好得多。

如果你是身处在很多人的场合下，那么在众多的陌生人中，你就要有选择地决定自己要最先注意哪一位，因为谁也不能一下记住很多个陌生人的名字，而你的这种选择更加容易让自己集中注意力，这样，在你第二次听到这些名字时，就会很快地回想起他们都是谁。

2. 将名字脸谱化

做到这点其实很容易，如果你能够掌握这个小窍门的话，那么想记住别人的名字便不会再那么困难了。那么现在就让我们来看一下如何将他人的名字脸谱化。

当你刚刚结识了一张新面孔的时候，不妨聚精会神地凝视他的脸庞，从中找出一些特别令人感兴趣、吸引人或与众不同之处，比如可以看看对方的头发是否又黑又整齐、眼睛是否特别明亮，嘴唇边是否有痣等，从这些特点中选出一个，然后再通过夸张等手法储存到记忆中去。

3. 找出对方名字的与众不同之处

如果对方名字很特别，那么就更加容易记住了，特别是遇到姓氏比较特殊的人，完全可以用一种有趣的联想的方式记住。比如某个人姓漆，通常情况下有可能与齐相混，让人无法有深刻的印象，那么此时你却能将他的姓氏与油漆相联系，这样自然便能够留下更加深刻的印象。而当你面对的是外国人的时候，他们的名字通常都比较长，第一次基本都很难记住，那么，不妨请他讲讲自己名字的来源以及拼法，这样你便更容易加深记忆了。

4. 重复性的述说

当你认识新面孔时，不妨在与他的交谈过程中中，尽可能多地在合适的时间重复他的名字，这种不断地重复过程便可以起到加深印象的作用，比如在别人递过名片时，你完全可以念出他的名字，他也会很欢迎你如此做的。

所有人都会对自己的名字感兴趣，这也能让人感觉自己不是被忽略掉的，因此，记住别人的名字，而且很轻易就叫出来，就等于给予了别人一个巧妙而有效的赞美，这会让你更加容易将他人储存进你的人脉关系网中的。

细微之处的体贴更让人感动

在人际交往中，一种细节上的注意被称为敏锐、殷勤或体贴。所有的有心人都知道如何小心经营，去赢得他人的好感和支持。

柯立芝任副总统之时，有一次，他参加阿拉巴马州土斯凯其公立医院献礼，就曾十分小心地改变过一项计划。本来，是应该由阿拉巴玛州州长来搭乘柯立芝的专车的，但柯立芝考虑到州长的处境——在州长自己的辖区，于是决定改变计划，自己去搭州长的车。

这确实是一件小事，可正因为有这些小事，才能与他人结下深厚的友谊，从而迈向成功的彼岸。

一座城市的马路边有一家西服专卖店，炎热的夏季是西服销售的淡季，很少有顾客前来购买。一天中午，店里进来一位顾客，在衣架前慢慢浏览，不时地摸一摸、看一看，正在犹豫不决时，店里的售货员小姐适时上前，耐心地为他介绍西服的款式、面料。这位顾客显然有点动心了，提出要试一试衣服，同时脸上又流露出了怕热、嫌麻烦、不想试的表情。聪明的售货员小姐连忙把西服拿到空调底下吹了吹，然后递到顾客面前让他试穿。那位顾客被售货员的细心、耐心打动了，试穿了西服之后，很爽快地把它买了下来。

在和陌生人初次交往时，一定要注意各方面细节，要从各个细微之处表现出你对他的关心、钦佩和喜欢，要让对方感动。要知道，对方因为和你还不熟悉。所以只能从你的各种行为表现上来推断你对他的态度、认可程度、你的性格以及为人处世方式等，而你自觉不自觉地所做出的各种细节正是他判断的重要依据，如果你能在细节上将他征服，那他就会从内心深处对你接受了。

其实，每个人都可以利用各种场合认识一些朋友、结下友谊，只要你有意与别人交往，善于打开别人的心扉，一定会收到意想不到的效果。

谈话的功力也是一门艺术，让人人满意并不是一件简单的事，最重要的一点是切实了解不同阶层、不同年龄段的人的价值取向、做到到什么山唱什么歌。

20 世纪 70 年代，美国国务卿基辛格率代表团访问中国，打破中美中断 20 年外交僵局。来华前，尼克松总统曾多次预测，到华谈判美方会大败而回，然而事实并非如他们想象那样，国务院总理周恩来在钓鱼台国宾馆亲切接见了他们。

周恩来总理微笑着握着基辛格的手，亲切地说："这是中美两国高级官员 2 0 余年来第一次握手。"当基辛格把随行人员一一介绍给周恩来总理时，他的赞美更出乎他们的意料。周恩来总理握住霍尔德里奇的手说："我知道，你会讲北京话，还会讲广东话。广东话连我都讲不好，你是在香港学的吧？"对斯迈泽说："我读过你在《外交季刊》上发表的关于日本的论文，希望你也写一篇关于中国的。"最后他握住洛德的手说："小伙子，好年轻，我们该是半个亲戚，我知道你的妻子是中国人，在写小说。我愿意读到她的

书,欢迎她回来访问。”

周总理简短的欢迎词里蕴含了高超的赞美技巧。他意识到基辛格一行的紧张心情,在严肃的外交场合,他有意淡化了政治角色,并且抓住细微之处,拉家常似的对其语言才能、论文、家庭成员进行了一番巧妙的赞美,既亲切又得体,缓解了对方的紧张情绪。代表团成员对中国的领导人也颇有敬意,认识到中国人民的友好态度。

在特定的场合,怎么融洽气氛,增进友谊?最简明易行的方法就是从对方得意的事说起。每一个人都有自认为得意的事情,这事情的本身,究竟有多大价值,是另一问题,而在他本人看来,却认为是一件值得终身纪念的事。你如果能预先打听清楚,在有意无意之间,很自然地讲到他得意的事情,只要他对你没有厌恶的情绪,只要他目前没有其他不如意之事的刺激,在情绪正常的情况下,他一定会高兴听你说的。

要想把话说到对方心里,使对方对你产生好感,留下不可磨灭的深刻印象,就要了解对方最关心的问题,从他的立场出发,打好感情牌。例如,知道对方的子女今年高考落榜,因而举家不欢,你就应劝慰、开导对方,说说“榜上无名,脚下有路”的道理,举些自学成才的实例;如果对方子女决定明年再考,而你又有自学高考的经验,则可现身说法,谈谈高考复习需注意的地方,还可表示能提供一些较有价值的参考书,在这种场合,切忌大谈榜上有名的光荣。

切记:一切以对方为中心,采取一种能增加对方感情的谈话口气、态度和方式,那么,你们的交往就能愉悦而顺利地继续。

私人话题可以增加亲密感

每个人可能都会遇到过这样的人,他们因为自卑而变得冷傲,认为这样就可以成功地保护自己。这种天生的“不自然”不但给他们自己带来了极大的困扰,还会给他们的人生道路上无端地增添了许多屏障,由于性格上的问题,他们无法找到称心如意的工作，无法组建和谐幸福的家庭，有些人甚至还会出现自暴自弃、一蹶不振的现象。

张先生是一家国有企业的工程师，不管级别高低的员工与他说话时他都坐着不动，别人与他说话他也爱答不理，从来不把别人说的话放在心上。大家见他待人的态度，也只好敬而远之，迫不得已与他有工作关系时也是站在旁边与他说话。

当张先生心情不好时，竟然始终不说一句话，视别人为不存在，始终不抬头看人一眼，他人也只能尴尬地走开。张先生在公司如此，对待朋友也就可想而知了。每当他与朋友或同学聚会时，他同样是板着脸坐在一旁的，实在令人难以接受。久而久之，朋友、同学间的情分也就淡漠了，现在，连当年的大学的同学都基本不和他联系了。

张先生自己也很苦恼，其实他也不是真的看不起人，只是天生性格内向，口才也不好，有时候和人面对面坐着，却不知选择什么样的话题才好。

其实要改变这种状态并不是很难，只要你能稍微投入一点、坦率一点，让对方可以窥见些许你的感性层面，就有机会让你们的关系更加契合。对于那些别人认为不可谈的话题，不要有太多顾忌，心灵、感情、政治议题都是让我们生活更有意义的话题，为什么不能谈呢?

现任美国总统奥巴马的夫人米歇尔是位个性健康的明亮女人，真挚而诚恳，从不矫情、造作。选民会觉得一般，竞选者都给人疏远感，这也让选民厌倦。而与太太情趣相投的奥巴马给人感觉是那么真实而亲近。当然，这与他太太的感性影响与渲染有关，她是第一个爆料自己丈夫不会整理床铺的第一夫人，这些小细节为奥巴马平添几分人情味。米歇尔基本不谈政策纲领，而是打人性牌，大谈奥巴马睡觉鼾声大、早上起床时口臭令女儿不敢接近等趣事。即使夫妻一起上电视做节目，也是可以谈笑风生，彼此打趣，不时自然而然地显露出很淳朴、单纯的一面。总之，尽显“不装”的率真一面。奥巴马是理性与感性的统一，他既有很强的感染力，也有很强的自控能力，。最重要的是，与夫人一样他没有故意掩饰自己，或故作神秘状。记者问：获胜后，太太说了什么? 奥巴马幽默地说：“她说‘那你明早上还送女儿上学去不啊? ’”第一夫人大笑：“我没说，我可没这么说啊！”夫妇俩眼神里交流的是真挚的感情，默契而生动。

真正的赢家，那些事业成就非凡、人缘极佳、充满无限魅力的人，都是尽情发挥自我，不会浪费些许时间与精力做和他们个性不符的事。你的个人魅力就是做自己，你的独到特质才是你的魅力所在，要相信，我们每个人都有做个闲谈高手的成功潜质。

一般而言，在交谈中，我们往往担心自己真实情感的暴露，并试图隐瞒自己的隐私，以防对方对自己产生不好的感觉。但现在为什么反行其道呢？原来这种说话技巧的奥妙在于它克服了人们认生的心理。初次见面，一个高明的谈话者会满不在乎地闲聊这样的话："我儿子上课老搞小动作，对这个孩子我可真是操了不少的心呀！"或者"昨天我家先生不小心把烟头掉在了自己的外衣上，结果烧了一个大窟窿。"……听者怎么也想不到对自己很陌生的人会说这么多的贴心话，对自己这么亲近，于是很感动，在不知不觉中也安下心来融洽地闲聊了。

在与人交谈中，说一点私事，是一种能够轻而易举地与他人造成亲密感的绝佳交谈技巧。

培养出绝佳的亲和力之后，我们无论走到哪里，都很快就会有"熟人"，也会由此而拥有更多的朋友。

如果说人脉网的架构需要一个工具的话，那就非小秘密莫属了。别看它并不起眼，但是它所起到的作用却是有目共睹的。懂得运用一些小秘密去笼络人心的人，是聪明的，懂得运用一些小秘密去拉近与他人之间距离的人，同样也是聪明的，有心经营人脉的人，不妨两样都去尝试一下吧，说不定还会得到意外的惊喜呢！

认真聆听，是对人最大的认可

对于那些能在社交的圈子里如鱼得水的人，我们常常误解他们是会“说”，其实对于一个真正的社交高手，会“听”比会“说”还要关键。

有的人在谈话中，不喜欢给他人插话的机会，不让他人表达自己的意见。谈话不是演讲，不是个人表演，而是双方交流。在谈话中，只以自己为中心，好像他人都不存在似的，长久下去，会令人生厌。表面上看起来，谈话场面很热烈，而实际上，因为缺少其他人的参与，呈现出外热内冷的局面。

周恩来总理之所以被亿万人赞颂，其中很突出的一条就是他在听别人讲话时态度极其认真，不论对方职位高低、年龄大小都同样对待。对此，美国一位外交官曾评价道："凡是会见过他的人，几乎都不会忘记他。他身上焕发着一种吸引人的力量，长得英俊固然是一部分原因，但是，使人获得第一印象的是他的眼睛……你会感到他全神贯注于你，他会记住你和他说的话。这是一种使人一见之下顿感亲切的罕有天赋。"

在我们的潜意识里，每个人都想成为一个人物，都希望得到别人的注意。不管他愿意承认还是不愿意承认，他想有人听他的话，把他摆在重要位置。

仔细回想一下，有没有当你讲笑话讲得最起劲的时候，突然有人插嘴改变话题的情形？当时你会有什么感觉？你大概恨不得封住他的嘴，因为他小看了你的价值，他的那种做法会使你感到渺小、没有意义、不重要。

了解了人性的这一特点，我们就应该让别人畅所欲言，并适当反应，以表示关心与重视，就能赢得别人的好感与善意的回报。

布斯是美国一家食品公司的“推销冠军”。一天，他还是和往常一样，把芦荟精的功能、效用告诉顾客，女主人并没有表示出多大的兴趣。布斯立刻闭上嘴巴，开动脑筋，并细心观察。

突然，他看到阳台上摆着一盆美丽的盆栽，便说："好漂亮的盆栽啊！平常似乎很难见到。"

"你说得没错,这是很罕见的品种。它是属于兰花的一种。它真的很美,美在那种优雅的风情。"

"确实如此。但是,它应该不便宜吧?"

"这个宝贝很昂贵的,一盆就要花 1000 美金。"

"什么?我的天哪,1000 美元?那每天都要给它浇水吗?"

"是的,每天都要很细心地养育它……"

女主人开始向布斯倾囊相授所有与兰花有关的学问,而他也聚精会神地听着,不时地提出自己问题。

最后,这位女主人一边打开钱包,一边说道:"就算是我的先生,也不会听我嘀嘀咕咕讲这么多的,而你却这么喜欢植物,真的是太美妙了。希望改天你再来交流养花的知识,好吗?"

随后,她爽快地从布斯手中接过了芦荟精。

聪明的人不仅仅是一位口齿伶俐的说客,而且也是一位出色的听众。显然,善于倾听无形中起到了褒奖对方的作用,仔细认真地倾听对方的谈话,是尊重对方的前提,能够耐心地听说话者诉说,无形中,说者的自尊便得到了满足。于是,说者对听者就会产生一个感情上的飞跃,认为"听话"者能理解自己,并欣慰于自己终于找到了一个可以倾诉的机会。如此,彼此心灵间的交流就使得双方的感情距离缩短了。

善解人意是各行业里成功人士最重要的一项人格特质。要想成为一个会聆听的人,我们一定要掌握以下要点:

1. 听的态度要正确

在听的时候,一定要专心,而且要态度谦虚,目光始终注视着对方。在听的时候要不断地采用积极的的应词语,比如"嗯"、"是这样的"、"我就这样想的",等等。

2. 善于运用体态语言

在聆听时最好身体向说话者的方向稍稍前倾,表示在全力关注他的话。这个时候,千万不要做无关的动作,看表、修指甲、打哈欠、伸懒腰等都是不合时宜的。

3. 提出问题

在提出问题时，一定要围绕着对方所说的话来提，表示你没有听清，或者有新的想法。通过这种提问让对方知道，你是在仔细听他说话，因为仔细听了，才会发现问题。恰当的提问，可使谈话更深入地进行下去。

第 5 种能力

以适当的肢体语言强化你的亲和力

我们都有这样的经验，在人与人的交往接触中，纵是赞美的语言，面无表情地说出来，往往会被人怀疑是讽刺；而即使是牢骚和抱怨，说的时候勾肩搭背的，对方也当你是自己人。

所以很多话不在于你说的是什么，而在于你说话的时候，辅以怎样的肢体语言。对于关系还不够密切、不够牢固的陌生人，肢体语言运用是否得当，更会影响下你们关系的下一步走向。

无声的肢体语言，比有声的语言表达更深刻

有人说，人的表情会说话。其实，人的表情比言语更能表露心声。在公司迎面遇见不太熟悉的同事，一个微笑胜过很多繁琐的客套话。遇到难办的事，微微皱一下眉头就会告诉对方你很为难。当然，多用表情不是让你做一个无声的人，表情是一种辅助语言，言语和表情并用才能让你的表达更生动精彩。

事实上，那些以出众的社交风采著称于世的名人，对于细节表达的考究往往非常人可及。

1972年2月21日，美国总统尼克松访华，他乘坐的专机中午抵达北京，周恩来总理和其他接待人员前往机场迎接。当时，中美双方正谋求改善两国的紧张关系。在尼克松步出机舱后，周总理并没有立即带头鼓掌。周围的气氛顿时紧张起来，其他接待人员都诧异地看着周总理。然而，就在尼克松下到舷梯中央时，周恩来才鼓起了热烈的掌声，这时候，尼克松也微笑着鼓起掌来。

在接下来的欢迎宴会上，周总理也没有像往常和其他国家领导人碰杯时一样，让自己酒杯上沿去碰对方杯子的中间部分。向尼克松敬酒时，周总理特意将自己酒杯的杯沿和尼克松酒杯的杯沿持平碰杯。这一次的会晤结束时，尼克松对我方的接待工作，给出“合于礼而不热”的极高评价。

“行动胜于语言”，周恩来总理合理的肢体语言，既尊重了对方又显示了我方不卑不亢的立场。其实，我们日常的手势、眼神、动作及姿态等身体各部分为人所见的活动，都可以表达情感和与人进行交流。而且，通过肢体语言与有声的语言结合，能达到举手投足皆语言的境地。

哈巴特·V·布鲁克那先生在《如何培养说话技巧》一书中写到：一个卓越的演说家，不是只要发音动听就行了，同时还要用他的整个身体、精神以及人品来向观众说话。当你把自己深感兴趣的思想传达给别人，让别人对它产生印象，进而接受这种思想，当然语言的表达可以达到某种程度的效果，

可是，假如单靠声音来传达可能对方还是有模糊不清的时候，这时可以借助无言的沉默来增加形象的表达力。所谓无言的表现，是以含有表现力的表情、姿势和动作来传达意思。真正擅长言辞的人，往往都会以这种方式来表现自己的手法。

不同的姿势表达的含义是不同的，如身体靠在沙发背上，两手置于沙发扶手上，两脚自然落地，叉开，表示谈话轻松、自如、自信；身子稍向前倾，两脚并拢，两手放在膝盖上，侧身倾听，说明很尊重对方；身座椅子前沿，身子向前，倚靠于桌上，头和身子微微前倾仰，表示对交谈内容非常感兴趣、喜悦或重视；身体后仰，甚至转来转去，则是一种轻慢、失礼行为；整个身子侧转一方，表示嫌弃与轻蔑；背朝谈话者，是不予理睬的表现。

会说话的人善于通过自己的表情、姿势、叹息等来代替难以说出的话或弥补语言的不足，并通过自己的表情、姿势对对方施加心理影响，构筑起与对方交流思想情感的桥梁。

有时候对方慢条斯理地开始讲话，而你根本没有时间一一去听，这种情况下，可以做出快速点头的动作，这个动作会向对方传达快点结束讲话和希望对方只讲要点的信号。此时，你若想插话，可以试一下抬起食指这个动作，这个动作表示“我稍微打断一下，可以吗”的意思，这和我们在学生时代，想在课堂上发言时要举手示意一样的；反之，如果你做出慢慢点头的动作，就是向对方传达“你的话很有意思，请继续说下去”的信号。当然，你也可以笔直地坐在椅子上，稍向前倾，用类似这样明确的身体语言让对方严肃慎重地对待你和你的提议。

当对方的讲话你没有兴趣听下去时，你不妨把胳膊抱在胸前。如果这样对方还没有注意到，而继续讲话，你就利用视线下垂、跷着腿晃来晃去的动作，表示“我现在觉得很无聊”的信号。此外，轻轻地理理头发、摸摸鼻子、摸摸耳朵，或是挪动身体这些动作也都表示“你能不能快点结束啊”的意思。

如果你不想讲话了，可以视线下垂，减慢语速，放低音量，并拖长最后一个字，这都是向对方发出交换发言权的信号。当你说完最后一句话，直视对方，这也是表示“我的话讲完了，现在该你讲了”的意思。如果对方没有明白你发出的信号，你可以轻轻拍一下对方的身体提示该他讲话了。反之，如果你还要继续讲下去，而对方却发出了让你结束的信号，这时你可以伸手将对方的胳膊轻轻按下去，不让对方站起来，表示“我的话还没有讲完，请稍等。”但是，这个运作不宜多次重复，否则对方会失去耐心。

总之，表达表情和姿势的语言还有很多，这就需要我们在社会实践中不断总结和积累，并有意识地加以利用，才能更全面地提升自己的讲话能力和谈判技巧。

用眼睛说话，传递你的诚恳和自信

众所周知，眼睛是人们心灵的窗口。其实，眼睛还是人们心灵语言表达的重要工具。通过眼神，我们可以看出一个人的思想动态；借着眼波，我们可以交换彼此的感觉与意识，可以传送感情。

交谈时，要敢于和善于同别人进行目光接触，这既能表示礼貌，又能帮助维持一种联系。

美国管理学家玛丽·凯，早年曾经参加过一次销售练习，一位经理刚刚作了一篇激励士气的演讲，玛丽·凯很渴望和销售经理握握手。玛丽·凯在队伍里排了3个小时，然后好不容易轮到她和那位经理见面，但经理根本没有正眼看她，只是从她肩膀望过去，看看队伍还有多长，甚至根本没有察觉他正在与人握手。玛丽·凯等了3个小时，就获得了这样一个接待！她觉得人格上受到了侮辱，面子受到了伤害。

她立志做一个经理，“如果有一天人们排队来和我握手，我将给每个来到我面前的人全然的注意——不管我自己多么疲劳！”

玛丽·凯的意愿恰巧成为现实。她自己说道：“我很幸运，玛丽·凯化妆品公司今天已经成为一家大公司，我有很多次站在长长的队伍前，和各种人士做长达数小时的握手，一旦我感到自己疲劳了，我总是想起自己从前排队和那位销售经理握手的情形，一想起他不用正眼瞧我给我带来的伤害，我便立即打起精神，直视握手者的眼睛，尽可能说些比较亲近的话，也许只是几句简单地闲谈，如‘我喜欢你的发型！’或是‘你的衣裳漂亮极了！’等等，我尽可能给予对方全然的注意，而且绝不允许其他事情来打扰我。在握手的当时，我将对方视为最重要的人。”

在与陌生人初次见面时，眼神的表现是至关重要的，如果眼神游移不定，对方就会在潜意识里认为你为人不够诚恳或不够稳重。以参加面试为例，在短短的几分钟里，诚恳且友善的眼神肯定会让面试的考管给你打上一个很高的分数。

某知名公司的面试官在候选的两个人中做了最后的抉择，他毫不犹豫地选择了那个看起来样子很平凡的女子，而旁边美丽的女子简直不敢相信这一切。她非常不服气地问其缘由，面试官笑了笑，回答说：“女士，首先我应该说，你真的很漂亮，非常智敏，学历也很高，可是这些对我们公司所需要的人才并不是最重要的。我只能说你表现得并不好。在面试的时候，语言不多，在陈述自己的工作经历的时候，虽然伴有身体语言，但是很抱歉它们并没有为你加分。特别是你刚刚进来与各位面试官握手的时候，只用指尖轻轻一握，我们这里的任何一个人都没有和你有过眼神交流，我们无法判断出你的诚恳之意。而那个很平凡的姑娘却大不相同。除去和你差不多的学历及能力之外，在和她握手的瞬间，她诚恳且友善的眼神已经告诉我们，她十分想加入这个大集体，想在这个岗位上发光发热，而我们选择相信她。”

“只能意会不能言传”放在说话技巧上恰到好处地说明了眼睛无法取代的作用。因为有时言语无法完全表达清楚我们的心思与用意，这就需要借彼此眼波交流来达到心灵间的沟通。如果我们要拒绝他人或者责备他人，或是不便于用言语来表达某种思想，不妨试试使用这种以眼代言的方法，也许能够达到较理想的目的和效果。

小罗和欧阳是同事，不久前因为工作上的一点小事互不相让，斗起嘴来，结果弄得双方都很不愉快。彼此视若异己，互不往来。

某日，两人在一家大商场的楼梯上相遇。两边人来人往，各自奔忙。可不知为什么，那一瞬间两个人都感到似有旁人正注视着自己，而且已经俨然清楚了他们之间的恩恩怨怨，因此为了表现自己的风度，也为了在大庭广众之下免得尴尬，两个人都不约而同地冲对方灿然一笑，然后点点头彼此擦肩而过。谁也没有开口说一句话，但双方都已意识到，从此两个人的一切是是非非都在这一笑间烟消云散了，次日将是个大晴天。

其实，我们的一双眼睛时刻都在“说话”。互相正视片刻，表示坦诚；互相瞪视，表示敌意；斜着眼扫一下，表示鄙夷；正视、逼视，表示命令；不住上下打量对方，表示挑衅；低眉偷觑，表示困窘；行注目礼，表示尊敬、关注；白他一眼，表示反感；双目大睁或面面相觑，表示吃惊；眼睛眨个不停，表示疑问；眯着眼看，表示高兴或者轻视。

眼睛是一扇窗户，透过这扇窗户，你可以看到外面的世界，可以了解你不懂的人或物。眼睛同样也是心灵和外界交流的媒介，别人通过眼睛可以知道你的需求和你的真实想法。有时眼睛也会出卖你，透露出你内心真实的秘密，这就是奇妙的眼神。以下几条是对眼神礼仪的约束，大家可以了解一下：

1. 不能对关系不熟或一般的人长时间凝视，否则将被视为一种无礼行为，这也是全世界范围内通行的礼仪。

2. 与陌生人谈话，眼神礼仪是：眼睛看对方眼睛到嘴巴的“三角区”，标准注视时间是交谈时间的30％～60％，这叫“社交注视”。

3. 不能眼睛注视对方的时间超过整个交谈时间的60％。

4. 恰当使用亲密注视。和亲近的人谈话，可以注视他的整个上身，这叫“亲密注视”。

微笑，帮你开启沟通的大门

每个人都希望自己拥有“亲和力”，因为这也是渴望与他人亲近、和谐相处的一种心理状态，也可以说是人类最基本的内心需求。

提到塑造自己富于亲和力的形象，大家首先想到的是热情主动，广泛地与人交流等等。正确的做人的态度和说话的方式当然重要，但都不如一张微笑的面孔来得简单有效。笑是人类肢体语言中最富有感情色彩的，而微笑则是笑中最容易打动人心的。

在美国有一位小职员他每天陷于无边枯燥生活里，他曾有这样一种经历：

“我已经结婚十八年多了，”他说，“在这段时间里，从我早上起来，到我要上班的时候，都很少对我太太微笑，或对她说上几句话。在公司我也是最闷闷不乐的。心理医生告诉我微笑可以带来很多好处，我就决定试一个星期看看。因此，第二天早上梳头的时候，我就对着镜中满面愁容的自己说：‘你今天要把脸上的愁容一扫而空。你要微笑起来。你现在就开始微笑。’当我坐下吃早餐的时候，我以‘早安，亲爱的’跟我太太打招呼，同时对她微笑。我以为，她可能大吃一惊，但她的反应是被搞糊涂了，她惊愕不已。我对她说，她从此以后要把我这种态度看成惯常的事情。而我每天早晨这样做，已经有两个月了。

这种做法改变了我的态度，在这两个月中，我们家所得到的幸福比去年一年还多。

我要去上班的时候，就会对大楼的电梯管理员微笑着，说一声‘早安’；我以微笑跟大楼门口的警卫打招呼；我对地下火车的出纳小姐微笑，当我跟她换零钱的时候；当我站在公司楼下时，我对那些以前从没见过我微笑的人微笑。

我很快就发现，每一个人也对我报以微笑。我以一种愉悦的态度，来对待那些满肚子牢骚的人。我一面听着他们的牢骚，一面微笑着，于是问题就容易解决了。我发现微笑带给我更多的收入，每天都带来更多的钞票。

我跟另一位经理合用一间办公室。他的职员之一是个很讨人喜欢的年轻人，我告诉他最近我所学到的做人手段，我很为所得到的结果而高兴。他接着承认说，当我最初跟他共用办公室的时候，他认为我是个闷闷不乐的人，直到最近，他才改变看法。他说当我微笑的时候，我充满慈祥。”

“真诚的微笑，其效用如同神奇的按钮，能立即接通他人友善的感情。因为它在告诉对方：‘我喜欢你，我愿意做你的朋友。同时也在说：‘我认为你也会喜欢我的。’”这是拿破仑·希尔的经验总结。

这种亲和力，既是使情感归依的起因，同时也是激发人际交往的动力，它对平衡人类心理，克服势单力薄之不足，起着非常好的调节作用。

张琳在一家新成立的广告公司任办公室主任，她所在的办公室兼具行政管理、后勤管理、人事管理三大职能，工作的繁忙和琐碎程度自不用说。张琳的前任无论从学历、经验还是从工作态度和魄力上来讲都不比她差，甚至有些方面还超出了张琳，但最终工作做了不少，却得不到同事和上司的认可，大家都觉得她很傲慢，最后被迫离职。总结前任失败的教训，张琳得出一个结论，那就是培养自己的亲和力，和员工打成一片。

广告业的竞争很激烈，广告业务员的工作压力都很大，他们最希望自己的工作能够得到公司的支持和理解，如果他们在与各种各样的客户周旋之后，能够在公司听到鼓励的话，看到一张亲切的笑脸，心里一定会充满浓浓的温情。面带微笑的人总是在向同事传递着这样一种信息：我很欣赏你，我信任你，我愿意成为你的朋友，我们会合作得十分愉快。

现在，无论工作有多重、多繁琐，张琳都从不会表现在脸上，总是保持一副亲切的笑容。她拟定的“绩效考评措施”在公司内部也得以顺利实施，公司的业务量也明显上升了。

美丽的微笑是发自内心的。微笑时，牙齿微露，双唇轻启，嘴角微微向上弯翘的同时会带动面部肌肉内部完全舒展。被称为“乒后”的王楠，曾多次获得奥运会冠军，她不仅以高超球艺征服了广大观众，而且她那甜甜的微笑也给人们留下深刻的印象。如果说邓亚萍凌厉的眼神、果敢的呐喊震慑了对手，那么王楠的微笑则一切通杀。

如果你经常微笑，你的心情就会好。长期多次重复的表情，就会在你的脸上留下一些痕迹。如果你想今天为明天的魅力做点什么的话，那么你就要尽量保持乐观情绪，你的面部表情会慢慢变得柔和亲切起来。

一个人心态越好，精神生活就会越丰富，亲和力也就越强，心理就越平衡。只要你的亲和力动机纯正，就会赢得许多朋友，就会在人生的道路上一帆风顺。

控制声音和语调，把握谈话的气氛

口才出色的人，与他们谈话简直是一种艺术的享受。他们说话时旁征博引，诙谐幽默，语气恰到好处，引人入胜，就像一个出色的钢琴家，将谈话的语气当做钢琴的琴键而随意挥洒，弹奏出一曲曲动人心弦的高山流水。

自然的声音总是悦耳的，你要注意，交谈不是演话剧，无论你是什么样的语音，都应自然流畅，故意做作的声音只能事与愿违。我们所说出的每一个词、每一句话都是由一个个最基本的语音单位组成，然后加上适当的重音和语调。正确而恰当地发音，将有助于你准确地表达自己的思想，使你心想事成，也是提高你的语言表达的一个重要方面。

相反，不良的发音将有损于你的形象，有碍于你展示自己的思想才能。如果你说话发音错误并且含糊不清，这表明你思路紊乱、观点不清，或对某一话题态度冷淡。当一个人没有很大的激励作用而又想向他人传递自己的信息时通常如此。令人遗憾的是，许多人经常出现发音错误并养成了一种发音含糊的习惯。还有人说话支支吾吾、拖腔拉调，他们还自以为得意，认为这样才体现出自己的优越感及与众不同。但其结果可能是适得其反，因为类似的声音会使他人感到极不自然，从而产生一种本能的抵制情绪。

语调给人们的印象是非常重要的。美国《今日秘书》杂志中一篇题为《你的语调会妨碍你的前途吗？》的文章，曾以旧金山一位办公室女性的经历为例，说明说话语气的重要。

这位女士刚从一所有名的商业学校毕业，品学兼优，作为一位办公室工作人员，其所具备的水平令人刮目相看。她受雇于一家大公司。上班刚满两星期，忽然接到通知，说她那鼻音很重又刺耳的语调使其雇主不胜其烦，因而将她解雇了。这位失业的女士租了一部录音机，对照自己的发音，反复矫正，终于能用较为悦耳的语调说话了，很快，她又谋得了一个高薪职位。

在通过说话的方式进行人际交往时，要注意两种声音：鼻音和尖音。用鼻音和尖音说话，在交往中具有破坏性的效果，用鼻音说话，尤其是初次与人交谈时，往往会给人一种无精打采的、使人厌烦之感；而用尖音给人的感觉是不愉快的，因为尖音刺耳，使人神经紧张，容易破坏谈话的气氛。

另外，我们还要知道，说话离不开语气，在一句话中，不但有遣词造句的问题，而且有用怎样的语气表达，说话才准确、鲜明、生动的问题。

查理是一家大型金融机构的投资研究部经理。在平时的工作中，他总是表现得异常活跃和激动，为了让大家听到他所说的话，他总是大声叫喊。每当他打电话时，隔几个办公室也能听清他所说的每一句话。同事们对他的这些行为感到迷惑不解。

其实，语言的威慑力和影响力与声音的大小是两回事。不要以为大喊大叫就一定能说服和压制他人。声音过大只能迫使他人不愿听你讲话并讨厌你说话的声音。

一次，在某全国性会议上，因座次问题，引起与会者不满。有几个人怒气冲冲地来到会务组兴师问罪。会务组组长确实是语言心理战老手，他向对方解释时的声音越来越小，嘴巴也越来越靠近对方的耳朵，最后简直就是贴在对方的耳朵上说悄悄话。对方的脸色也由阴转多云，多云转晴，最后，组长拍拍对方的肩膀，亲热地问了一句："明白了吧？"对方点了点头，微笑着告辞了。

事后，有人询问组长，"组长，您跟他说了些什么，这么见效？"组长的回答令人大吃一惊："其实我什么也没说！"

"那对方为什么消了怒气呢？"

"是我跟他说话的方式使他消了气。"

人们常说，会议中，大声疾呼者才能得到胜利，这是因为声音大，具有扰乱对方说话的作用。比如，大声呼叫与开怀大笑的政治家或实业家，不论其说话内容如何，至少比起音量低的人更易给人留下豪放磊落与大胆的印象。而在与人商谈或者交涉的时候，则轻声细语的效果更好，因为轻声细语会让人联想到悄悄话或秘密，也会让人自然而然去细听话中内容。

选择用什么样的语气谈话，要取决于你所处的场合、谈话对象、谈话的内容目的等各种因素，需要具体问题具体分析，但事前意识到讲话语气的重要性，将对你达成谈话目的是大有裨益的。

什么样的声音才是具有说服力的声音呢?美国一位著名推销员做了如下简洁的总结：

1. 音量强弱适中。

2. 有意识地压低声音，较具有穿透力。

3. 声调适当，注重抑扬顿挫。

4.语速稍慢。

这样的声音不仅让人有安全感，不能带给人身心舒畅的感受，当然，它的低沉平稳更让人觉得可以信任。

握手，以礼节和热情体现你的风度

如今，握手几乎成为全世界共享的一种形体语言。与人初次见面，熟人久别重逢，告辞或送行均以握手表示自己的情意。这是最常见的一种见面礼、告别礼。一些特殊场合，如向人表示况贺、感谢或慰问时；双方交谈中出现了令人满意的共同点时，或双方原先的矛盾出现了某种良好的转机或彻底和解时，习惯上也以握手为礼。

握手礼仪的顺序，一般应遵循“尊者决定”的原则，即根据握手双方的社会地位、年龄、性别和宾主身份来确定握手有无必要。因为握手往往意味着进一步的交往的开始，如果位尊者不想与位卑者深交，他是大可不必伸手与之相握的。换言之，如果位尊者主动伸手与位卑者相握，则表明前者对后者印象不坏，而且有与之深交之意。

艾丽是个热情而敏感的女士，目前在某著名房地产公司任副总裁。那一日，她接待了来访的建筑材料公司主管销售的韦经理。韦经理被秘书领进了艾丽的办公室，秘书对艾丽说：“艾总，这是某公司的韦经理。”

艾丽离开办公桌，面带笑容，走向韦经理。韦经理先伸出手来，让艾丽握了握。艾丽客气地对他说："很高兴你来为我们公司介绍这些产品。这样吧，让我看一看这些材料，我再和你联系。"韦经理在几分钟内就被艾丽送出了办公室。几天内，韦经理多次打电话，但得到的是秘书的回答："艾总不在。"

艾丽在一次讨论形象的课上提到这件事，余气未消："首次见面，他留给我的印象不但是不懂基本的商业礼仪，而且还没有绅士风度。他是一个男人，位置又低于我，怎么能像个王子一样伸出高贵的手让我来握呢？他伸给我的手不但看起来毫无生机，握起来更像一条死鱼，冰冷、松软、毫无热情。当我握他的手时，他的手掌也没有任何反应，我的选择只有感恩戴德地握住他的手，只差要跪吻他的高贵之手了。握手的这几秒钟，他就留给我一个极坏的印象，他的心可能和他的手一样的冰冷。他的手没有让我感到他对我的尊重，他对我们的会面也并不重视。作为一个公司的销售经理，居然不懂得基本的握手方式，他显然不是那种经过高度职业训练的人。而公司能够雇用这样素质的人做销售经理，可见公司管理人员的基本素质和层次也不会高。这种素质低下的人组成的管理阶层，怎么会严格遵守商业道德，提供优质、价格合理的建筑材料？我们这样大的房地产公司，怎么能够与这样作坊式的小公司合作？"

可见握手也是很有学问的，美国著名盲人作家海伦·凯勒写道："我接触的手，虽然无言，却极有表现力，有的人握手能拒人千里，我握着他们冷冰冰的手指尖，就像和凛冽的北风握手一样。也有些人的手仿佛充满阳光，他们握住你的手，使你感到温暖。"

握手，是最常见的一种形体语言，它已发展成为交际的一个部分。握手的力量、姿势与时间的长短往往能够表达出握手者对对方的不同礼遇与态度，显露自己的个性，给人留下不同印象。

握手既轻且时短，被认为是冷淡、不热情的表示；紧紧相握、用力较重，是热情诚恳的表示，或有所期待的反映；力度均匀适中，说明情绪稳定；握手时拇指向下弯，又不把另四指伸直，表明不愿让对方完全握住自己的手，是对对方的一种藐视；握手时手指微向内曲，掌心稍呈凹陷，是诚恳、虚心、亲切的象征；用两只手握住对方的一只手，并左右轻轻摇动，是热情、欢迎、感激的体现；一触到对方的手立即放开，是冷淡和不愿合作的表示。

握手的时候，最基本的礼貌是离座起身，带着和善的微笑向对方走近，伸出右手，四指并齐，拇指张开，互相握着对方的手掌，为了握得牢固而适当，大拇指与食指之间的地方必须与对方同一部位相接触。如果接触不到是虚弱的标志，接触过紧则显得咄咄逼人。一般情况下单手相握，手掌侧面向下，如果掌心向上，就表示对对方特别恭敬，如果掌心向下，就显得自信心较强，甚至傲慢，有居高临下的感觉。如果双手去握对方的手，是表示尊重与亲切，应该先伸右手与对方右手相握，然后伸出左手握住对方的右手手臂，这种方式不适合初次见面，会让别人认为你是讨好他，也不适合异性之间。除此之外，握手时用力要适当，不能使劲握着不放，还要注意避免急速、敷衍的握手，那样会显得你缺乏自信。

此外，握手也讲究次序，如果上级、长辈、老师、女士或主人没有先伸出手，一般不要主动握手，否则会让人觉得你没有礼貌，或者你伸出手，对方没有反映，会使自己陷入难堪。另外，在宴客的场合，主人必须首先伸出手来与客人握手，如果身为女主人绝不能拘束，绝对不能让客人首先伸出手来跟主人握手。如果主人正在招待着许多客人，一时没来得及跟其他的客人握手，客人应该等一下，不能随便走开或争着伸出手去乱握一番，这不但会失礼，还会使主人感到不快。

握手，一个小小的礼节之中，却可以使你更细致地了解对方，更得体地表现自己，是我们在社交中不可忽视的一个关键环节。

摘下冷漠的面具，让人感受到你的温暖

在生活中，你可以看到有些人并不具备可以称道的背景，专业技能也算不上出类拔萃，但是他们所取得的成就，却是一些基础条件优越人所不能达到的。当然这里面有多方面的原因，但是有一点绝对不可忽视，那就是他们可以信托的关系更多，更懂得如何与人合作。

当你的力量还很弱小的时候，应善于运用你交际的优势，表现自己温和、

机敏、富于亲和力的一面，争取更多的支持和帮助。

能够与人融洽相处的人是一个快乐的人、一个大度的人、一个与人为善的人；相反，孤独的人常表现为独往独来、离群索居，对他人怀有厌烦、戒备和鄙视的心理，凡事与己无关、漠不关心，一副自我禁锢的样子，如果与人交往，也会缺少热情和活力，显得漫不经心、敷衍了事。他们有时看上去似乎也很活跃，但常给人一种做作的感觉，仿佛有点神经质，因而人都不愿主动与之交往，不得不与之相处时，也会有如坐针毡之感。

35岁的杨先生，到目前为止，他的人生中已经承受了很多痛苦，他的第一个妻子因生病而早早地离开了他，后来，他的第二任妻子因为和他性格不合又离婚了，他现在是单身一人。他原先家境也不错，后来做生意赔了好多钱。朋友看他可怜，就给他介绍了现在的这份工作，在一个私人企业上班。他经历的那一连串的不幸，使得他变得越来越冷漠。每天在单位里，他总是低着头，很少和同事说话，看到同事有困难，他也从不主动帮忙，即使别人开口请他帮忙，总是无动于衷，显得毫无同情心，总是找这样或那样的借口推辞，单位开会的时候，他总是找一个角落坐下，一言不发……他觉得他好像和别人生活在两个世界里，他没有办法和别人进行正常的交往，他对生活也失去了信心，他觉活着真没意思。

我们与人交往，常常会有这样的感觉，这人一眼看去就不错，与自己很投缘，果然大家谈得很好；而另外一些人一接触，感觉上讨厌，结果，真的格格不入。为此我们总是庆幸自己感觉灵验。其实，在与人打交道时，我们自己的待人态度会在别人对我们的态度中反射回来。如同你站在一面镜子前，你笑时，镜子里的人也笑；你皱眉，镜子里的人也皱眉；当你叫喊，镜子里的人对你叫喊。如果你变成了一只刺猬，你认为别人还会用柔软的心来靠近你吗？

当你不喜欢别人时，相应的，别人也可能不会接纳你，因为你所发出的不友善的信息，别人一样可以感受到。你散发出怎样的信息，就会得到怎样的回报。

如果你事先就确认某人难以对付的，则你很可能会用多少带有敌意的方式去接近他，在心中握紧你的拳头战斗。其实当你这样做时，你简直就是设置了个舞台让他去表演，他也就被逼扮演了你为他设计好的角色。

敏感的心和不安全感让我们对别人充满防备和敌意，我们还怕受到伤害，于是摆出一种强势的姿态，可是你的这种姿态其实是很无力的，它只能将朋友吓跑，却不能击退强敌。世界真的不像我们想象中那样可怕，围绕在你身边的大都是可爱善良的人们，如果我们用芒刺针对他们，我们就会失去可以帮我们对抗真正敌人和困难的帮手。更可能使自己腹背受敌、四面楚歌，最后很可能陷入一种可怕的绝望当中。所以，好好想想，然后收起你的芒刺，对生活报以微笑吧！

一天，一个乞讨的小男孩来到一户人家，开门的是一位年轻美丽的女子，当他看到这位年轻美丽的女子时，却有点不知所措了。他没有要饭，只向她乞求一口水喝。这位女子看到他很饥饿的样子，十分同情他，就进屋取了一大杯牛奶捧给他喝。男孩慢慢地喝完牛奶，问道："我应该付多少钱？"年轻女子回答："一分钱也不用付。我妈妈教导我们，施以爱心，不图回报。"她说话时把右手贴在胸口上，像个美丽的天使。

男孩说："那么，就请接受我由衷的感谢吧。"说完，男孩离开了这户人家。此刻，他感到自己浑身充满了力量，感觉上帝正朝他点头微笑，一股男子汉的豪气顿时迸发出来。

数年之后，那位年轻美丽的女子得了一种十分罕见的重病，当地的医生对此束手无策，她被转到大城市医治，由专家会诊治疗。此时，那个小男孩已是一位大名鼎鼎的医生了，他参与了这次医治，当他来到病房，一眼就认出在床上躺着的病人就是曾经帮助过他的恩人。他回到办公室，暗暗下了决心："我一定最要竭尽所能治好恩人的病。"从那天起。他就特别关照这个病人，经过艰辛努力，手术成功了，但手术花去巨额的医疗费，于是他毅然在高额的医药费通知单上面签上字。

当医药费通知单送到这位特殊病人的手中时，她看到医药费通知单旁边写着一行小字："医药费是一杯牛奶。"

人都是有感情的，当你真心帮助别人的时候，别人也会因你的言行而感动，给予你同样真诚的回报。只有为对方着想才能赢得别人的信任，才能赢得别人的尊重，才能赢得别人的真诚与友谊。

YI FEN ZHONG

第 6 种能力

掌握唤起对方注意力的秘诀

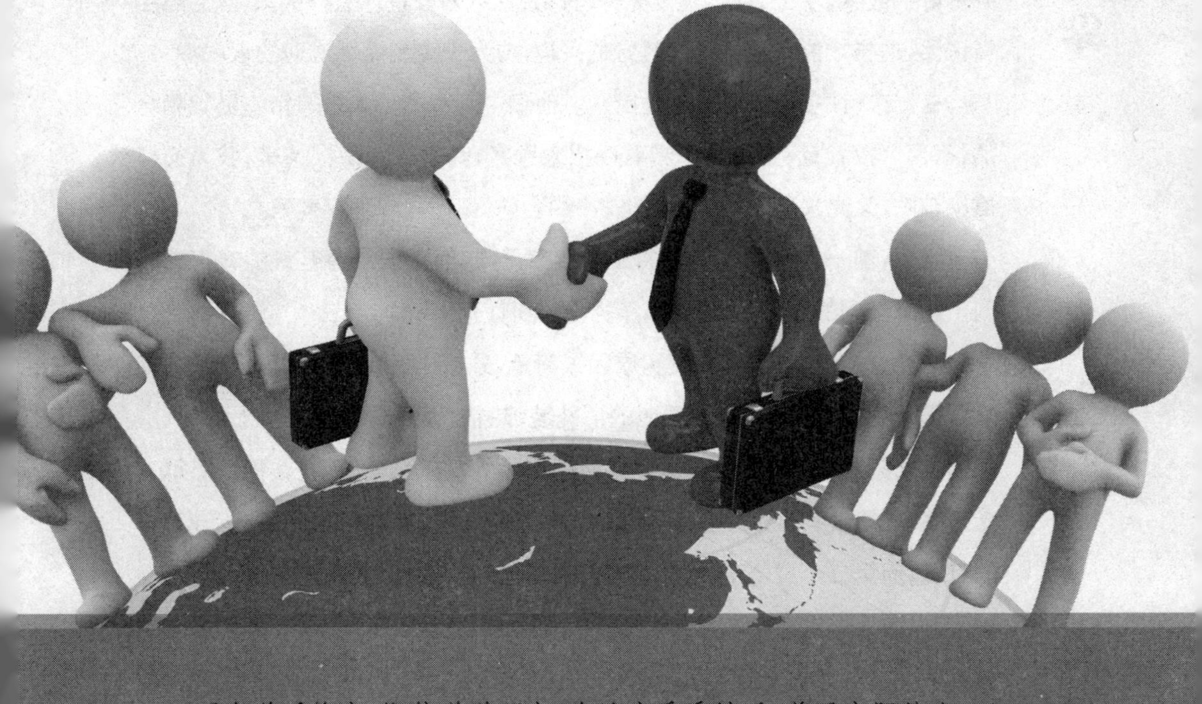

不会说话的人，即使洋洋万言，也让人昏昏欲睡；善于交际的人，三言两语，就能调动起别人的兴趣，吸引他人的注意。

我们探讨这些吸引他人注意力的小技巧，不是为了哗众取宠，而是要与初交的陌生人之间建立起一条直接而快速的通道。

一句话引起他的兴趣

一般情况下，我们在说话之前，要经过一番慎重的考虑，要知道，我们强调的不是说了多少话，而是要通过说话最终达成什么目的。所以，在说话之前，一定确立说话的目标。另外，还要学会察言观色，善于把握对方的心理，充分考虑到说什么话，如何说，什么时候说。确定了这几点，再开始说话，才能收到良好的效果。另外，我们还要充分考虑说话的对象是什么样的人，然后再酌情说话，这样才能充分调动起对方的兴趣，成为一个到处受欢迎的人。

在周末，许多青年男女伫立街头。他们中间有不少人是等待与情侣相会的，有两个擦鞋童，正高声叫喊着以招来顾客，其中一个说：“请坐，我为您擦擦皮鞋吧，又光又亮。”另一个却说：“约会前，请先擦一下皮鞋吧。”

结果，前一个擦鞋童摊前的顾客寥寥无几，而后一个擦鞋童的喊声却收到了意想不到的效果，一对对青年男女纷纷让他擦鞋。

这究竟是什么原因呢？其实原因很简单，分析一下就可以得出答案。我们听到第一个擦鞋童的话，尽管他的话礼貌、热情，并且附带着质量上的保证，但这与此刻青年男女们的心理差距甚远。因为，在黄昏时刻花钱把鞋擦得又光又亮，显然没有多少必要。显然人们从这儿听出的印象是“为擦鞋而擦鞋”的意思。而第二个擦鞋童的话就与此刻男女青年们的心理非常吻合。“月上柳梢头，人约黄昏后”，在这充满温情的时刻，谁不愿意以干干净净、大大方方的形象出现在自己心爱的人面前呢？

一句“约会前，请先擦一下皮鞋”，真是说到了青年男女心坎儿上。可见，这位聪明的擦鞋童，正是传送着“为约会而擦鞋”的温暖情意。一句“为约会而擦鞋”一下子抓住了顾客的心，因而大获成功。

生活中，两个人萍水相逢，素昧平生，该怎样沟通呢？许多人对谈论的话题存在着误解，以为只有那些风趣幽默或令人震惊的事件才值得谈起。其实，只要你稍加留心，身边的一些小事都可以让你们双方谈得兴高采烈、意犹未尽。

有一位记者，曾与伊丽莎白女王在鸡尾酒会上做过简短交谈。一开始就问女王，昨天是否在风雨中视察过铁矿，这使女王十分惊讶。原来女王外衣染有红褐色的矿屑，经记者提醒才发现。由于记者的交谈从关心女王的话题开始，自然引起女王的好感，使得这次交谈十分融洽、成功。

由于记者的细心观察，并表现出对女王的关心，所以赢得了女王的好感。由此可见，在与人交谈时，谈论对方感兴趣的话题，可以让你成为受欢迎的人。试想，谁不喜欢和别人谈论自己最喜欢和最关心的事情呢？

当然，有些时候，对方的“关注点”在哪里我们不一定立即就可以找到，这时就要细心聆听，从他的言语中寻找心。

周末，姚佳懒洋洋的坐在自家阳台里晒太阳，老公则在一旁看电视。这时电话响了，姚佳抢着接了起来，原来是一位好久不曾见面的同学。今天这位同学显得格外的兴奋，一会儿说楼房的价格又涨了，一会儿又说现在房子真难挑啊，一会儿又跳到买装修材料可真累人啊。说了大半天，姚佳仍然不明白她到底想说什么，只是陪着她应和着。这时在一旁看电视的老公走了过来，凑在姚佳的耳朵边儿上小声地说：“你问她，是不是买房子了。”姚佳一听，就顺口问道：“这么高兴，你是不是买房子啦？老实交待。”电话那面的同学一听，兴奋的劲头明显高了一个台阶，哈哈大笑：“是啊，你怎么知道的？消息怎么那么灵通啊？我告诉你啊，我们挑了一个很好的房子，一百多平米。哪天来家里看看啊，是一次性付款，不是按歇啊！不错吧！”姚佳说到了点子上，同学很高兴地讲了半个小时，而后心满意足地挂了电话。姚佳看了一眼坐在一旁的老公笑着说：“你挺厉害的嘛！”老公笑笑说：“就你是个小傻瓜，她明显就是想让你说买房这事，然后再向你倾诉一下，显摆一下嘛，你却只字不提，当时她指不定有多急呢！”

当你猜着了对方想要让你知道的事，他是多么的高兴啊！看来仅仅是当一个好听众是远远不够的，有的时候人们没有说出话语的含义与已经说出来的是一样多的，有时甚至更多。在他们和你绕圈子的时候，你找到了中心点，听到了他们心里的话，往往会比当他们忍不住后自己说出来的要好得多。

在人际交往中，与他人谈话要找到合适的切入点，切不可像盲人摸象般胡乱谈论，否则导致的结果与你的本来愿望将会背道而驰。

把话说到对方的心坎上

在交际场合，很多时候需要的是“顺情好说话”。对方爱什么、恨什么，喜欢什么、反对什么，将这一切都弄清了，说话也就有了方向，有了目标，有了依据。有时，要让对方答应某一请求，直说不行，拐个弯儿说反而成功了；正说不行，反说却成功了；实说不行，虚说却成功了。而人们办事儿主要顾及的是目的，而不是怎么说，只要能达到目的，怎么说有效就怎么说。所以，会说是非常重要的。而巧动心思，把话说到对方的心里，才是真正会说的表现，只要不过分，不讨人嫌恶，就会通过花言巧语办成许多事。

一位靓丽的“摩登女郎”在一个首饰店的柜台前看了很久。售货员问了一句：“这位女士，您需要买什么？”“随便看看。”女郎的回答明显缺乏足够的热情。可她仍然在仔细观看柜台里的陈列品。此时售货员如果找不到和顾客共同的话题，就很难营造买卖的良好气氛，可能会使到手的生意溜走。

细心的售货员忽然间发现了女郎的上衣别具特色：“您这件上衣好漂亮呀！”“啊！”女郎的视线从陈列品上移开了。“这种上衣的款式很少见，是在隔壁的商场买的吗？”售货员满脸热情，笑呵呵地继续问道。“当然不是！这是从国外买来的。”女郎终于开口了，并对自己的回答颇为得意。

“原来是这样，我说在国内从来没有看到这样的上衣呢。说真的，你穿这件上衣，确实很吸引人。”“您过奖了。”女郎有些不好意思了。“只是……对了，可能您已经想到了这一点，要是再配一条合适的项链，效果可能就更好了。”聪明的售货员终于顺势转向了主题。

“是呀，我也这么想，只是项链这种贵重商品，怕自己选得不合适……”

“没关系，来，我来帮您参谋一下……”

聪明的售货员正是巧妙运用了语言这门艺术，搭起相识的桥梁。然后顺势就推地引导那位陌生的女郎，最终成功地推销出了自己的商品。

一个人的心理状态、精神追求、生活爱好等等，都或多或少地会在他们的表情、服饰、谈吐、举止等方面有所表现，只要你善于观察，就能把话说到对方的心里。

生活中，要想使自己事事顺利，就要想办法说服别人，把不可能的事变成可能。至于能不能变，全在一张嘴上，掌握一定的沟通与说服技巧，一切皆有可能。

中国有句古话叫："不看你说的什么，只看你怎么说的。"同样一个意思，不同的人有不同的说法，不同的说法有不同的效果。与人交流时，不要以为内心真诚便可以信口开河，我们还要学会委婉艺术地表达自己的想法。

有一位国王，梦见自己所有的牙齿都掉了。一觉醒来，他召来一位智者为他解梦。

智者说："陛下，您很不幸，每掉一颗牙齿，就意味着您会失去一个亲人。"

国王大怒："你这个大胆狂徒，竟敢胡说八道，给我滚出去！"随后，他令人重打这位智者 100 大板。

国王下令找来另一位智者，并向他讲述了自己的梦。认真听完后，这位智者对国王说："高贵的陛下，您真幸福呀！这是个吉祥的梦，意味着您会比您的亲人长寿。"

国王大喜，令人重赏这位智者 100 个金币。

这位智者走出宫殿时，一位礼宾官很不解地对他说："真是不可想象！您对梦的解释其实同第一位智者差不多，为什么他受到的是惩罚，而您得到的却是奖赏呢？"

这位智者语重心长地说："很简单，一切都是因为说话方式的不同啊。"

舌头是天底下最有威力的武器，它可以打动别人，破除你成功路上的障碍，也可以伤害别人，为你增添阻碍，所以学会利用舌头是人生的必修课。你只有认真听，仔细想，反复推敲，才能掌握住适宜的说话技巧。

学会察言观色，留意对方身边的事物，从中了解他的心态，并把话说到他的心里，这样才能赢得对方的好感，这时，你无论办什么事，都会顺利得多。

把话说到人心里，仔细研究起来，是非常简单的。这就需要我们多用些心思，了解对方心理，和人建立更深入的关系。

激发他人倾听欲望的自我介绍秘诀

社交的智慧，最引人注目的地方便是其交际魅力。与不熟识的人见面，通常由自我介绍或经由他人介绍开始，所以一个让人印象深刻的自我介绍是必需的。自我介绍，是充分展示交际魅力的“开场白”。仪表风度好，再有一个恰当的自我介绍，是一次成功的自我推销，会使人产生想与你交往的愿望。

一般来说，开始说话的前几分钟最能吸引听众，原因是：在这最初的几分钟内，每个人都会有意无意地表达真实感觉。卡耐基说：“开场白是讲话者向听众最先发送的信息，它有如戏曲演出前的开场锣鼓，直接影响到听众的心态。”

在生活中，豁达幽默的人总是受人欢迎的，要想在初次“亮相”时就使人产生好感，幽默是一种惠而不费的秘笈。如果对你来说，轻松幽默并非自己所长，那么也不必勉强自己，介绍自己的时候，有条不紊，突出重点，同样可以给人一个好印象。

初次交往的双方，都想互相多了解对方，又都想被对方所了解。在做自我介绍时首先就要大大方方、不卑不亢，切不可羞答忸怩、吞吞吐吐、左顾右盼，应该勇于向他人展示自己，树立自信，让别人产生希望与你交往的愿望；其次要以姿态、声音、表情的恰到好处打动人心。

一般人在自我介绍时，常常含糊地把名字念出来或递出一张名片就草草结束，其实这是浪费了制造好印象的绝佳机会。自我介绍的本事愈强，就愈能引起他人对你交谈的兴趣，因此你应善于把握自我介绍的机会。在自我介绍时，掌握一些技巧便显得尤为重要：

1. 用一句话来概括自己的姓名

可以用一句话说明一下自己名字的来历或特殊含义。可以采用联想法或谐音法,让别人记住自己的名字。比如说叫“魏逸群”,就可以概括成“一个老人喂一群鸽子”,这样别人想要记住你的名字就会很容易了。

2. 用一种动物来比喻自己的性格

因为大家都喜欢动物,而且各种动物在人们脑海里基本上都有一个特别的形象,用这种方式来展现自己的性格特点更让人觉得亲近,同时也让人印象深刻。

3. 用一句话来概括自己的职业

用一句简洁的话来概括自己的职业,更容易加深别人对你的印象,让他人能在较短的时间内对你有较深层次的了解,比如说“我在 IBM 负责一个小组的管理工作,主要开发一些软件。”

进行自我介绍一定要力求简洁,尽可能地节省时间。通常以半分钟左右为佳,如无特殊情况最好不要长于一分钟。有的人自我介绍时,左一个“我”如何如何,右一个“我”如何如何,叫人听了反感;有人把“我”的形象树立得很高大;更有甚者,一提到“我”时便洋洋得意,这样的自我介绍都不会给对方留下良好的印象。

为了提高效率,在作自我介绍的同时,可递上名片、介绍信等辅助资料。

一般递名片的顺序应是地位低的先把名片交给地位高的;年轻的先把名片交给年老的。不过,假如是对方先拿出来,自己也不必谦让,应该大方收下,然后再拿出自己的名片来回送。

向对方递名片时,应该让文字正对着对方,用双手同时递出或用右手递出,千万不要用食指和中指夹着名片给人。在递名片时,应用诚挚的语调说道:“这是我的名片,以后多联系”或“这是我的名片,以后请多关照”。如果自己没有带名片的话,那么要跟人家做解释:“对不起,我没带名片。”

总之,在陌生的场合,面对陌生人,要想让自己的形象在人们心中深深地扎下根,你必须学会自我介绍。

通过剖析对方的名字来引发他的亲切感

人一生下来，父母就会费尽心思地设法给子女取个好名字。你观察一下，每个人都十分看重别人对自己名字的认识。当一个陌生人能叫出你的名字时，你就会马上产生似曾相识的感觉。

名字是一个人的"记号"，代表着一个人的一切，荣与辱、成与败、高贵与卑贱。你的名字也是你不同于他人的一个重要特征。俗话说："人过留名，雁过留声。"对于一个人来说，名字是所有语言中最突出、最动听的声音，关注他的名字，也就是对他这个人的关注。

在社会交往中，气氛不活跃时，可以针对一些人的姓名进行别致的解释，其效果往往会出人意料，从而活跃气氛。

当你饶有兴趣地剖析别人姓名的时候，无疑会使对方有一种受重视的感觉，从而产生社交亲切感，愿意与你亲近，所以，当别人给你介绍朋友时，应集中精力去记住人家的名字。在以后的交往中，一见面就能叫出他的名字，人家就会觉得你这个人很热情、很有心。

美国一位私立学校的校长深谙"叫出对方名字"的魅力，他把记住学校每一名学生的名字，当成每天的作业来练习。如果是一年级新入学的学生，他就靠他们的照片来记名字。因此，当校车把学生载到学校时，校长能叫出每一位学生的名字，并寒暄一番。这对刚刚接触一个陌生的新环境、心里难免有些忐忑不安的新生来说，无疑是吃下了一颗定心丸。而对于爱子心切的家长来说，校长的招呼也使他们大为安心，因为这表示，校长将很照顾他们的孩子。

每个人最敏感的就是自己的名字，能记住对方的姓名，不仅表示你对对方的尊重，而且在你和对方见面时能准确无误地喊出其名字，一定能让对方在惊喜和满足之余对你产生好感，无形中缩短了心理上的距离。因此，千万不要小瞧了姓名，字数虽少，里面却隐藏着很大的玄机。

能够牢记对方的名字，并在遇见对方的时候能叫出他的名字来，这就等于给了对方一个很巧妙的赞美；若是把别人的名字忘了，或写错了，这对别人就是一种无形的贬低。有时候想要记住一个人的名字是很不容易的，有的人的名字很复杂，又很不好念，因此不太容易去记。人们碰到那种难念的名字，总是不愿意花心思去记它，挑一些捷径，记对方的小名，或是只记住姓氏。多数人不记得别人的名字，只因为不肯花必要的时间和精力去专心地、重复地、无声地把名字根植于他们的心中，他们总为自己找出借口："我太忙了。"

其实这不是理由，而是因为你根本不想认真地去记住它，或者你根本就不在乎是否能够记住它，所以，你的记忆力才在无形中丧失了。

那么怎样才能记住别人的名字呢？首先，要把对方名字弄清楚，用剖析法记清它的写法和意义；其次，把名字深印自己脑海里最好的方法是响亮重复三遍，直到把对方名字记住；最后一边默念名字一边想像对方的脸，把名字同面容结合在一起，在脑海里构出一幅图像。

给人"毫无保留"的信任，他才会为你所用

诚信与义气乃立身之本，在社会交往中起着不可替代的作用。古代谋略家都把坦诚当做笼络人的一个大圈套，并且非常有效。而利用坦诚作武器，几乎所向无敌。无论多么狡猾的人，他也喜欢和坦诚的人交朋友。真诚能感动人，至诚可以感动天。其实，"诚"也是相互的，只有彼此之间坦诚相待，才能建立起真正的朋友们关系，才能同甘共苦。

卡内基的副手派伯中校是一位有些古怪、有些可爱的人。在一个关键时刻，中校竟然想背叛卡内基。

那时，他们正准备在圣路易斯的某个地方为公司刚修好的一座桥征收税款。在这关键时刻，中校却突然想家了，他头脑一热，就想搭夜班车马上回匹兹堡。

眼看着卡内基的计划就要毁于中校的心血来潮的行为之下了。

在这关键时刻，卡内基灵光一闪：他没有乞求中校留下，帮他把这件事办好。相反，他不动声色地和中校谈起了另一个话题。平时，他就注意到了，中校特别喜欢名马。于是，卡内基就对中校说，以前他听人说过，圣路易斯专门产名马，因此一直以来，他都想给他的姐妹买匹好马，以供她们驾车，所以，他请求中校帮他挑匹好马，暂时不要急着回家。

听了卡内基的话，这位可爱的派伯中校果然心甘情愿地留下来了。

卡内基自己写道："鱼儿果然为这个香饵所诱……我们终于成功地完成了我们应做的工作，派伯也完成了他的光荣使命。"

不知道你注意到没有？当他人拜托自己帮个小忙时，自己通常会十分高兴，特别是当他人所恳求的东西又恰恰是自己最拿手的东西时，尤其会感到高兴，人就是这样。

接受也是一种美德。这表示你能够相信别人真关怀你、希望你快乐；这表示你抛弃了假面具，不再固执地认为自己可以无求于人，承认别人有能力帮助你，给予你所需要的；这表示你敞开自己的心扉，露出最脆弱的自我，并在接受别人的帮助时毫不恐惧。

有一次，安娜要到另一个镇去采访，但她的汽车却坏了。她的朋友玛丽自告奋勇，愿开车约 100 公里送她。可是安娜不想麻烦她，婉言拒绝了。

安娜挂上电话时，从玛丽的声音中感觉到她似乎十分失望。从那时起，她们的友谊逐渐冷淡了下来。后来，有一天，安娜打电话给玛丽，说自己将要去度假，但不知如何处置她的猫。"让我来照顾它吧！"玛丽热切地自愿帮忙。这次，安娜满怀感激地接受了她的好意。此后，她们的友谊加深了。

这个经验使安娜体会到有句话说得一点没错："如果你想某个人成为你的朋友，请他帮你一个忙就行。"这个策略实行起来十分容易：在既让他人十分满意，但又不会很麻烦他的情况下，主动乞求他人的帮助。

拿破仑也是能熟练使用这一策略的大师。

一位年仅 25 岁的法国将军是如何使那些衣衫褴褛、饥肠辘辘的意大利军队听命于他的呢？起初，机智的拿破仑抓住了士兵们对衣食上迫切的需求，开始鼓励他们："兄弟们，现在，你们无疑是在衣不蔽体、食不果腹的苦难中过活的。我将把你们带到世界上最富足的地方去，在那儿，你们可以看到繁华的都市和富饶的乡村……”

在占领米兰之后，他又改变了说法。这时，他不再在士兵们的食欲上下工夫，而是在他们的“自尊心”上下工夫。拿破仑用热烈而优美的词句赞美他的士兵是“历史的创造者、家乡的英雄”，还说：“待你们荣归故里时，你们的邻居会热情地指着你们，说：‘他曾经服役于那伟大英勇的意大利军队。’”

无数的事例显示，拿破仑擅长把他的军事计划和士兵们的自尊紧紧地联系在一起。他们就像被他施了魅惑的符咒一般。

最后我们要注意，这种笼络人心的小技巧可以用，但不可以常用。

在我们每天遇到的林林总总的人，总有那么一些，是可以称做朋友的人。与人相交，不是一朝一夕之事，对友要“真”，这是人际交往中第一重要的因素，也是建立正常交际并使之深入发展的基础。相互开诚布公，实实在在，才能建立信任感与安全感。因为谁也不愿意在交际中受骗上当，或者被出卖、被愚弄。一些人好出风头，喜欢在交际中炫耀自己，或故弄玄虚、摆“花架子”，常常使人生厌。

让对方感到相见恨晚的关键五步

一个人若只是和与自己有利害关系的人交流互动，对周围的人视而不见，那么他的交际圈子就会窄很多，更谈不上具有亲和力，也不会赢得大多数人的好感。

在日常与人交往的过程中，我们应学会善待他人，尽量做到热情大方，让别人觉得你是个随和可亲的人，这样你就更能融洽地和他人相处。积极主动地去和别人交流，让别人看到你幽默、和蔼的一面，让别人和你在一起有如沐春风的感觉，这样，你就会如磁铁一般拥有强大的吸引力。

在朋友之间，懂得如何说笑的人最受人欢迎，但是一般人需要心理上的调整，才能够培养这种能力。照着以下的方法自我调适，便能让人际关系向前更迈进一步：

1. 放下身份

不管是什么身份，如果想要受人欢迎，就得要放下身份。想想看，谁会接近一个成天紧绷着脸、眼睛长在头顶上的人呢？

2. 把话说得亲切点儿

话说得太高雅了，就会拉出距离。“嗨！穿得这么美干什么？要迷死人啊！”这句恭维话就比“嗨！你今天穿的非常漂亮”要来得亲切。

3. 偶尔装点儿疯，卖点儿傻

没有人喜欢成天看一本正经的苦瓜脸，偶尔装点儿疯，卖点儿傻，就算嘴里讲着歪理，也不会有人怪你，反而会跟着轻松起来插科打诨一番。

4. 说起话来可别像老师上课

就算再有道理，也别把话说得硬邦邦，让人听了不舒服。在朋友之间说理，只要点到为止，别成天婆婆妈妈的，让人见了退避三舍。

5. 把热情拿出来，把诚恳写在脸上

朋友之间遇到麻烦需要有人处理时，尽管举起手来大声说：“让我来！”平日时常打个电话问候一下，别在有求于人时才登门拜访。

另外，交往中体贴对方，多点嘘寒问暖，会使对方感受到你亲人般的温暖。注意对方的爱好、指出对方穿戴上的变化、记住对方有纪念意义的日子等，这样做，对方会觉得你很在意他、关心他，能引起对方的话题和谈话兴趣，你也会因此而受到对方的热情“礼遇”。

第 7 种能力

人们都喜欢接近让自己感觉舒服的人

在人与人的交往中，有一条非常重要的心理规则，那就是人们都会下意识地喜欢对自己有好感的人。好感的表现形式可以有很多，如果对方是初次相见或者交往不多的人，赞美的话可以直接而迅速地表达你对对方的好感与认同。

捧人谁都会，难得的是捧得舒服自然，不着痕迹地说出对方最想听的话。

找到对方的闪光点，把你的赞美“具体化”

爱听恭维话是人的天性，虚荣心是人性的弱点。当对方听到你诚恳的赞扬时，心中会产生一种莫大的优越感和满足感，你成为他的知己的可能性就大得多了。

当一个人听到别人的恭维话时，心中总是非常高兴，脸上堆满笑容，口里连说：“哪里，我没那么好”、“你真是很会讲话！”即使事后冷静地回想，明知对方所讲的是恭维话，却还是没法抹去心中的那份喜悦。

张雨是一个专门推销各种食品罐头的女推销员，她此次的任务是要拿下本市最大型商场的订单，于是，她找到了负责人马经理。

见面后，张雨说：“马经理，我去过好多次你们的商场，不愧是本市最大的专业食品商场，无论是商场的布局，还是卫生方面，都给人很舒服的感觉。尤其是商场的工作人员，都非常耐心，百问不厌，看得出来，您为此花费了不少心血。”听了张雨的这一席恭维话语，马经理不由得连声说：“谢谢！谢谢！做得还不够，请多多指教，请多多指教！”嘴上这样说，心里却是美滋滋的。张雨自然也就心想事成了。

在现代人际交往中，是否会恰当地赞美他人已成为衡量一个人交际水平高低的标志之一。因此一个人是否具有良好的适度赞美别人的习惯，也往往决定了他能否能建立一个成功的交际关系网。

赞美是一件好事情，但并不是一件简单的事。若在赞美别人时，不审时度势，没有掌握一定的技巧，即使是真诚的赞美，也会使好事变为坏事。恰当赞美的因素有两方面：一是赞美者本人，他的赞美是否是发自内心的、真诚的，因为虚假的赞美是注定要失败的。二是被赞美者，他所得到的赞美是否是他所期望的，是否是合乎情理的赞美。当你的赞语没说出口时，先要掂量一下，这种赞美有没有事实根据，对方听了是否相信，第三者听了是否不以为然。

刘晓是个生意人，他起步晚，资本也不是很雄厚，但是他的长于外交，和各路人士处得都很不错，这样就把一盘棋就走活了。

有一次他出去谈生意，碰到一对没上没下的宝贝父子。

“朋友交情，喝酒越喝越厚，赌钱越赌越薄。”张老板骂儿子，“你就是喜欢赌，我到赌场里去，十次倒有九次遇见你。”

“你也不要说人家。”小张反唇相讥，“你去十次，九次遇见我，总还比你少一次！”

“你看看！你看看！”张老板气得拍桌子，“这么大了还没个规矩，强词夺理。”

刘晓看他们乱成一团，实在好笑：“现在都是一个孩子，从小宠惯了！”

“都是他妈惯的。叫刘老板见笑了。”

“说哪里话？我倒看这位小老弟，实在能干，漂亮，是经得了大场面的外交人才。”

一句话说到张老板得意的地方，他正正经经答道：“刘大哥，玉不琢，不成器，我这个孩子，鬼聪明是有的，不过要好好跟人去磨练。回头我们细谈，先喝酒，喝酒。”

于是宾主三人，亲密地举杯小饮，尽欢而散。

恭维别人本身是一件的很讨好的事，但必须做到恰如其分。

高帽尽管好，可尺寸也得合乎规格才行，滥戴过重的高帽是不明智的。赞扬招致荣誉心，荣誉心产生满足感，但当人们发现你言过其实时，常常因此感到他们受到了愚弄。所以宁肯不去恭维，也不宜无边际地夸大。

经常看到有人在称赞别人时表现出来的那种漫不经心：“你这篇文章写得蛮好的。”、“你这件衣服很好看。”、“你的歌唱得不错。”这种缺乏热诚的空洞的称赞并不能使对方感到高兴，有时甚至会由于这种敷衍而引起反感和不满。

如果把以上这些话改成：“这篇文章写得好，特别是后面一个问题有新意。”、“你这件衣服很好看，这种款式很适合你的年龄。”、“你的歌唱很不错，不熟悉你的人没准儿还以为你是专业歌手呢。”这些话比空洞的赞扬显然更有吸引力。

另外我们要注意，恭维对方本身不如恭维他的成绩。比如恭维对方容貌就不如恭维他的品位与能力。因为容貌是天生的，爹妈给的，无法改变的，而品位与能力是自己后天养成的，表明了自己的价值，是自身的成功。

美国著名的心理学家威廉·詹姆士说："人类本性上最深企图之一是期望被赞美、钦佩、尊重。"渴望称赞是每一个人内心的一种基本愿望。所以，当我们在社会生活中，要想在善意和谐的气氛中形成高潮，就应该去寻找别人的价值，并设法告诉他，让他觉得那价值实在值得珍惜，这样的话，我们便等于扮演了一个鼓励他、帮助他的角色，当然就可能迎来他的真心回馈。

把自己放得低一点，顺势捧高对方

老子说："美言可以市。"意思是说如果一个人善于驾驭语言，便可以用来交换自己所需要的东西。会说话的人，必定是会擅长"美言"的人。在恭维中给对方提要求，是一种社交技巧。想让对方怎么做，就朝那个方向恭维他，这样可以满足他被赞美、被崇拜的心理，迅速拉近你们的关系。

以赞美打开陌生人的心扉，最好做到不露痕迹，如果对方觉得你是有意在"捧"他，那么你在他心目中的印象就要大打折扣了。

清朝高士奇才思敏捷而且又善解人意，以文学侍臣的身份跟在康熙身边三十年，备受宠信。

一次，康熙游苏州的狮子林，见狮子林结构巧妙，风景幽胜，不禁随口说了一声："真有趣！"他又想题几个字，但懒得去想了，回头对高士奇说："你看这儿题几个什么字好？"高士奇跪奏道："皇上刚才已经题过了，臣不敢再拟。"康熙说："我哪里题过了？正因为没有题，才要你代拟。"高士奇说："皇上刚才不是说'真有趣'吗？去掉中间的'有'字，保留'真趣'两个字，不是很好？"

高士奇受到康熙的宠爱，不仅是由于他的学识，他的机敏，更是由于他的乖巧奉承。有一次，他陪侍康熙在南苑打猎，康熙的坐骑突然乱蹦乱跳，险些把康熙摔下马来。众侍卫连忙上前勒住马，扶康熙下来，到行宫休息。康熙一肚子不高兴，满脸愠色。高士奇知道了，故意把自己的衣服弄上许多污泥浊水，一幅狼狈不堪的样子，来到康熙身旁侍立伺候。康熙问他："你怎么这副模样？为什么衣服这么脏不换洗？"高士奇跪奏道："刚才臣被马摔下来，跌到污水沟里，现在还心有余悸。"康熙听了不觉大笑："你们南方人如此文弱！我的坐骑刚才乱蹦乱跳，我不仅没有摔下来，还控住了呢！"高士奇就是这样善揣君意，他使康熙感觉到自己的骑术还是很不错的，没有被马摔下来，于是就由不高兴转变为高兴了。

这才是捧人的高手，有口才，通世务，不仅看得出眉眼高低，还知道拿自己的狼狈反衬东主的高明。

古人云：世事洞明皆学问，人情练达即文章。赞美他人，并不一定需要多么高深的学问，只要你为人通达，看清对方的心思，摆正自己的位置，就完全可以放心安享"赞美"所带来的融洽的人际关系。

《红楼梦》的刘姥姥，本是一个没经过什么大场合的乡下老太太，但是从她嘴里说出来的说，又有趣又中听，博得了荣国府上上下下所有人的喜欢。

当贾母问她大观园好不好时，刘姥姥并没有直接地回答说"好"。

她首先是念了一声"阿弥陀佛"，然后像讲故事那样说道："我们乡下人到年关，都上城来买画儿贴。时间长了，大家都说，怎么也得到画儿上去逛逛。想着那画儿也不过是假的，哪里有这个真地方呢？谁知我今儿进这园里一瞧，竟比那画儿还强十倍。怎么也得有人照着这个园子画一张，我带回家去，给他们见见，死了也值得。"

刘姥姥先把乡下人过年买画的习俗说了一遍，如诉家常，接着又说盼望有朝一日到画里去逛逛，通过自己的心愿，侧面烘托大观园之美。然后一转，又说不信世上真会有那么好的地方，表面上是怀疑，但其实却是在进一步赞美。接着又一转，说眼前的园子比画上更美。刘姥姥才回答贾母的询问，就竭尽赞美之能事，却又不露痕迹。

而好戏还在后面，在前面"迂回"的基础上，她说希望有人能照着画一张，让她带回去，让大伙见识见识，她也荣耀荣耀，还说死也值得。

刘姥姥以自己乡下人的身份为出发点，尽情表达了自己的赞赏和羡慕之情，让人觉得她的话真诚又自然，难怪贾母听了心花怒放。

刘姥姥的女婿家，和王家原不是一家子，不过是因同姓套上的宗亲。这时又赶着王家嫁出去的女儿到了贾府，关系不免又差了一层，全因这几天陪贾府老太君游逛得高兴，全家的人都心情愉悦，她因家境困难而求亲告友的事儿，根本就不在话下了。要银子有银子，要衣裳、点心有衣裳、点心，回到村里，也足以大大地风光一把了。

不要鄙视刘姥姥式的现实主义，在生活中，我们每一个人都有处于低处而需要别人拉一把的时候，对方帮不帮你，也全在他的一念之间。恰到好处地表达你赞赏和倾慕之情，可以充分调动地对方的同情心，在轻松愉快的气氛中，事情一定着你所期望的方向发展。

先抑后扬式的赞美更能打动人心

有人总结说赞美宜用“比较级”，不要用“最高级”。这话有道理，捧人太过，就显得有些假，容易给人以为捧而捧的印象。赞美别人尤其是相对陌生的人，一般来说，从否定到肯定往往可以吸引对方的注意力，收到良好效果。

先“抑”一下，再“扬”起来，对方的情绪波动虽大，但往往会起来更好的作有。相传，纪晓岚就有这样一段趣事。

有一次，纪晓岚应聘去为一个朋友的老母亲祝寿。即兴做了一首祝寿诗。纪晓岚号称大清第一才子，到场的大人物都在期待着会有怎样的一首好诗诞生。谁知，劈头第一句竟说：“这个老娘不是人”众人皆吓了一跳，在上坐的老太太心想：“这不是在骂人吗？”只见纪晓岚不慌不忙得再言：“九天仙女下凡尘。”哦，原来是这样啊。众人皆松了一口气，鼓掌叫好。老太太也高兴了起来。谁知第三句却是“生个儿子却做贼”，宴会主人脸上勃然变色，四座咋舌。哪知纪晓岚又从容地说：“偷得蟠桃献娘亲。”众人俱喜，宴会主人更是高兴地为他敬酒。

不愧是一代才子，一出言就非同寻常。第一句，“这个老娘不是人”仿佛在骂做寿者，引发他人的不快；第二句，“九天仙女下凡尘”，峰回路转，原来是在赞扬其母为天人转世啊！众人皆喜；第三句，“生个儿子却做贼”，又下一剂重药！主人怒气直上；第四句，“偷得蟠桃献娘亲。”原来，儿子也不是凡人，居然犯险到天上偷王母娘娘的蟠桃给母亲祝寿。短短四句话，抑——扬——抑——扬相结合，即表达了主人不凡的地位，又表现了儿子对母亲的孝心，真是一道绝妙的诗。

生活中，真正和陌生人相交时，这种先抑后扬的赞美当然不必这么夸张，适当变化一下手法，就可以让人欣然接受了。

有位生性高傲的人事处长，一般陌生人都很难接近他，他生硬冷漠的面孔常使人望而却步。有位外地来的办事员了解了他的脾气。当他们见了面，交谈了几分钟后，这位办事员微笑着说：“处长，一直听说你做事严肃认真，一般人和你接近时都心中打鼓。今天一见，想不到您是个爽快人，对我这外地人一点儿都不难为。和您这样的领导共事，真是我的运气啊！”处长听后，脸上马上露出笑容，接着谈了正事，果然办得非常顺利。

这位办事员之所以能够把事办成功，就是得益于开始的那几句恭维话。给对方一些恭维的话后，对方便不会给一个恭维尊敬自己的人以冷遇，自然会在维护自我形象的心理支配下变得平易近人，和蔼可亲。赞美在这里不过是使高傲者改变态度的手段，是交际的铺垫。倘若一味地恭维，而不及时转入正题，便会失去意义。

一个年轻人做生意需要一笔资金，他想向银行贷款，可他不是本地人，所以贷款一直没有批下来。为此他出入了多家银行，都没有成功。

无奈之下，他只好请在一家银行做主管的朋友帮忙。这个朋友让他到办公室来说。年轻人到银行主管的办公室后，表现得非常高兴：“我遇到难处了，一直没找能解决问题的‘真神’。我早应该想到找你帮忙，相信不会存在什么问题，我的创业理想马上就要实现了。”

主管听后，说：“我不一定帮得了你，别太急着感谢我。”

年轻人把椅子拉近一点，对他说：“你是部门的主管，还有什么你办不了的事情吗？”

主管听了，微笑着说："你这是给我出难题呢！不过，我可以试一试。"

通过主管和年轻人共同的努力，本来他们以为办不成的事情，结果办成了。

年轻人的一句话："你是部门的主管，还有什么你办不了的事情吗？"

听着在恭维对方，实际上也是在给对方施加压力。如果作为一个部门主管，这个事情也办不好的话，在这个年轻人面前岂不是太没面子了！于是，他会尽力把这道"难"题做出来，证明自己是个"无所不能"的部门主管。这个主管戴着年轻人给他扣下的"高帽"，按着年轻人的期望，很好地表现了自己。

赞扬别人，先"抑"一下的作用时先树立一个低一些的标杆，然后在这个标杆的比较下，你的赞美就显得诚恳而独特。比如说有两个人对你表达喜爱之情。第一个人说"我喜欢的人多了，当然也包括你。"第二个人说我很少喜欢别人，但是你是个例外。"你更愿意接受哪种说法？当然是第二种。同样的道理，用好先抑后扬式赞美，让你的赞美超出对方的期待，对方也很容易被你打动。

注意赞美的时效性，在第一时间说出他想听的话

赞美是具有时效性，过了第一时间，味道就差远了。比如说，同事烫了新的头发，第二天来上班的时候，你要马上给予赞美，"呀，变样了！真好看！在哪儿烫的啊？我都快认不出你了。"同事换了新的形象，想听到的就是你的赞美之词。她们现在最在意的就是别人看她的头发是漂亮还是难看。所以你的赞美要及时，别等到同事怎么在你眼前走来走去，你都没看见。逼急了问你："你觉得我烫得头发怎么样啊？"到那时再补救效果就打了折扣。再比如，领导升职成了经理。如果第二天早上见面，你还向往常一样问候"你好！"就不行了，至少你要说："你好，经理！"别看没说什么话，但是这多的两个字就是最好、最特别的赞美了。

对于陌生人，赞美更要随时随地，在"不经意"中脱口而出，这是一种融洽

气氛、拉近关系的好方法，用得好，常常可以成为我们办事的绝佳助力。

李华是一个房产部的售楼业务员。一次偶然的机会，李华结识了一位女士。李华同她就业务交谈了一次，她对李华经手出售的房子感到较满意，但问过价钱后，只留下一张名片。

看过名片，李华不由一怔，从名片中得知这位女士是家颇具知名度大公司的“副总经理”。直觉告诉李华，凭她的经济实力完全可以购买一套房子。

第二天，李华就直接打电话过去“行销”，那位女士并没有特别表示愿意，只是简单地说了一句：“价钱太贵了，如果能少算一点再谈。”这个“话中之话”是说：房子满意，价钱不满意。但当时的李华还不大“懂事”，只是要求去公司找那位女士面谈。

一进入女士的办公室，李华被眼前豪华的气派惊呆了。一张大办公桌，简直和双人床一样大，左边一套精致的沙发，右边还有一张大型的会议桌，有七八位职员正在“小组讨论”，看来她正在开会。李华也没想太多，直接地说出第一句话：“哇！您手下有这么多人啊！”“是呀！这些都是我的下属主管。”女士笑着道。“这七八个人都是主管，那下面还有更多人吧？”李华既吃惊又羡慕地问道，“那您的权力一定很大吧！可以决定人员录取、人事升迁及薪资调整吧？”“这只是一小部分而已！”女士自豪地说。“这还只是一小部分啊！这么多男主管还得听您这位女副总经理的，您一定很能干，做事一定很痛快、干脆，有女中豪杰的架式。”听了这番话，李华发现那位女士忽然变得两目炯炯有神，不知道她是高兴还是生气，李华赶快把话题转到房子上：“这房子真得很不错，您要不要带您先生来看过后再决定？”没想到，她对李华的“建议”很不以为然似的，提高了嗓门，大声说道：“不用等我先生来看了，我决定就行了。”李华觉得她好像是讲给旁边的男部属们听的，就故意说：“这个价钱绝对很便宜，若您能做决定，不必问过您先生，我可以立刻帮您去找屋主谈谈价格，否则的话，还是等到家人看过再说好了。”李华这一说奏了效，那位女士拿出支票，当场开了70万元给当订金。这时，全办公室的男主管都静寂无声，十几双眼睛都一起盯着女士看。女士很“严肃”地对李华说：“好！我买了，就这个价钱，不必再带什么人去看了，我们明天就签约。”

俗话说，好马在腿，好人在嘴，恭维的话人人爱听。越是傲慢的人，其实越爱听恭维的话。有的人正义辞严，说自己不受恭维，愿听批评，这是他的门面语，你如果信以为真，毫不客气地率直批评他的缺点，他心里一定老大不高兴，虽然表面上未必有所表示，但内心却十分不安，对于你的感情，只能降低，绝不会增进。善说恭维话，是处世的本领，是发达的因素。

在第一时间说出对方最想听的赞美话，看起来似乎很难，但是只要你愿意并留心观察，处处都有值得你赞美的地方，适时说出来，会产生意想不到的效果。

法国总统戴高乐1960年访问美国时，在一次尼克松为他举行的宴会上，尼克松夫人费了很大的劲儿布置了一个美观的鲜花展台——在一张马蹄形的桌子中央，鲜艳夺目的热带鲜花衬托着一个精致的喷泉。精明的戴高乐将军一眼就看出这是女主人为了欢迎他而精心设计制作的，不禁脱口称赞道："女主人为举行一次正式宴会，要花很多时间来进行这么漂亮、雅致的计划和布置啊！"尼克松夫人听了，十分高兴。事后，她说："大多数来访的大人物要么不加注意，要么不屑为此向女主人道谢，而他总是想到和讲到别人。"并且，在以后的岁月中，不论两国之间发生什么事，尼克松夫人始终对戴高乐将军保持着非常好的印象。

别人都没注意到的地方，戴高乐却注意到了，并毫不含蓄地将他的欣赏表露出来，这能叫尼克松夫人不感激在心吗？因此，我们对陌生人加以赞美时，如果能悉心挖掘那些不被人注意的地方，对方会非常开心，陌生人很快就能变成挚友。

奉承话要顺着当时的话题"不经意"地说出来

有这样一则故事，说古时候有两个学生要出外上任做官，临行时特地去拜访他的恩师，询问做官的诀窍。老师问："你们准备怎样做好官？"学生答："我们准备了一百顶高帽子，逢人就送他一顶。"老师很不高兴，把脸一沉说："为官要清正廉明，为人要忠孝仁义，你们这样怎能做好官呢？"学生急忙附和说:“老师说的有理,但当今世道,像老师您这样不喜欢戴高帽子的又有几个呢?唯一人耳。”老师听了很高兴,不再说什么了。当这两个学生出门后,其中一个便对另一个说:“哎,想不到没出京城就剩九十九顶了。”

这就说明,有些人表面上不喜欢奉承,但实际上还是喜欢,只不过你奉承的方式或火候不对罢了。

人人都有自己的长处,即使最普通最平凡的人也绝不是“一无是处”,这关键在于你是否能够“沙里淘金”、“慧眼识珠”。有些人常常埋怨对方没有优点,不知该赞美什么,这正说明了其缺乏发掘闪光点的能力。赞美者摸清对方的兴趣、爱好、性格、职业、经历等背景状况,对症下药,抓住其最重视、最引以为自豪的东西,将其放到突出的位置加以赞美,这样才能够最大限度地满足对方的心理需要,从而达到自己的目的。

一次,曾国藩用完晚饭后与几位幕僚闲谈,评论当今英雄,他说:“彭玉麟、李鸿章都是大才,为我所不及。我可自许者,只是生平不好谀耳。”一个幕僚说:“各有所长:彭公威猛,人不敢欺;李公精敏,人不能欺。”说到这里,他说不下去了。曾国藩问:“你们以为我怎样?”众人皆低首沉思。忽然走出一个管抄写的后生来,插话道:“曾帅仁德,人不忍欺。”众人听了齐拍手。曾国藩十分得意地说:“不敢当,不敢当。”后生告退而去。曾氏问:“此是何人?”幕僚告诉他:“此人是扬州人,入过学(秀才),家贫,办事还谨慎。”曾国藩听完后就说:“此人有大才,不可埋没。”不久,曾国藩升任两江总督,就派这位后生去扬州任盐运使。

在这个故事里,曾国藩的幕僚想赞美曾国藩,但苦于“威猛”、“精敏”之语都已让别人先说了,因而想不出恭维他的词句。而管抄写的后生从曾国藩说过的“生平不好谀耳”中推断出曾特别看重自己“仁德”的性格特征,于是投其所好,在这一点上加以赞美,果然让曾国藩感到舒服,并由此得到了他的赏识。可见,只要赞美得恰到好处,其效果往往是超乎意料的。

在人际交往中,“工作干得不错啊!”、“你挺好啊!”这种应付的赞美方式不但不能赢得他人的喜爱,有的时候还会适得其反。当对方把你认定为虚伪之人的时候,你就很难在他的印象中改变了。所以,见机行事是当务之急,谁能把握好时机,谁就会占尽先机。

会“捧人”的人，讲究借题发挥，顺着当前的话题走，这样，再高深、再正直的人听了，也不会引起反感的情绪。比如，你和一位当父亲的在谈话，父亲无意中说上个月送儿子去北京读书去了，你就要接着问：“您的儿子考上大学了吧，上北京了，可真好！”父亲没有太大的兴奋劲儿，回答说：“是专科，唉，考得不太好。”这时，你要有所觉察，你本来要去选择赞扬的地方是不正确的。你就要马上寻找别的点。你再问：“送儿子到外地，不舍得吧？”“是啊，不舍得啊，在那里和他住了两星期都不想走。不过我的儿子随我，是个很独立的人。”父亲答道。很好，赞美点再次出现，虽然儿子的成绩，父亲不满意，但是从父亲的话中可以看出他对儿子的独立性却很自豪，所以只要你从此点展开赞美，就是走对路了。

每个人都有他们在意的地方、特别的地方，注意到这一点，别吝啬你的赞美，这也是走宽人际关系的一个绝好的方法。

通过第三者之口称赞眼前人

赞美别人，需要你热情细致、真心诚意，抓住时机，积极反馈。对方的一个表情、一个动作、所说的一句话、所做的一件事，你都要看在眼里、记在心里。赞美的时机多种多样，当时、事后、大庭广众之下、俩人独处之时，都可进行。当时赞美、当众赞美固然有立竿见影的效果，但是糖太多了也腻人，平铺直叙的溢美之词，常常会使听者麻，木甚至厌倦。

某公司有位周小姐，嘴巴一向很甜。她的上司是个很优雅的女士，很会搭配衣服，穿着得体。而那位甜嘴巴的小姐却成为了这位上司的苦恼。因为，每天早上一到公司，对方那种令人不舒服的赞美就涌入耳中：“哇！好漂亮啊，经理！又买新衣服了啦？颜色好漂亮喔，穿在您身上就是不一样。”隔天一见面，又来了：“看看看，又一套了，很贵喔，也是新的吧，我就缺这个本事，不像您如此会打扮。”不仅如此，她还习惯当着客户“赞美”上司，说辞几乎都是：“在我们经理英明的领导之下，我才有今天的成绩，好多人都问我跟我们经理多久了，其实也没多久，但是经理大人大度，肯教我嘛，对不对？”

后来，上司终于被她过分的“赞美”和不诚的眼神弄烦了，把她调去管理资料，眼不见为净。

周小姐的赞美就很有问题，给人感觉太做作，老套又没有赞美到点上，不但没获得经理的青睐，反而因此吃了亏。

赞美要自然、顺势，不必刻意为之，过于刻意会显得“另有所图”，对方可能不领情，反会弄巧成拙。高声大嗓地当面赞美，效果往往不如那种含蓄自然的“背后鞠躬”。

例如，一个员工，在与同事们午休闲谈时，顺便说了上司的几句好话，“咱们的上司很不错，办事公正，对我的帮助尤其大，能为这样的人做事，真是一种幸运。”当这几句话传到他的上司的耳朵里去了，这免不了让上司的心里有些欣慰和感激，同时，这个员工的形象在上司心目中也上升了。

不要小看这些细节，生活就是由无数个细节组成的。生活中没有多少轰轰烈烈被载入史册的事情等着我们做，我们要做的只是细节。现在，我们要注意的一个细节是，坚持在背后说别人好话，别担心这好话传不到当事人的耳朵里。

对一个人说别人的好话时，当面说和背后说是不同的，效果也不会一样。你当面说，人家会以为你不过是奉承他、讨好他；你的好话在背后说时，人家认为你是出于真诚的，是真心说他的好话，人家才会领你的情，并感谢你。

还有一种方法，是借别人之口，传达自己想要传达的信息。

一天，一位办理房地产转让的房产公司推销员来到一位客户家，带着朋友的朋友的介绍信。彼此一番寒暄客套之后，他就讲开了：“此次幸会，是因为我的上司赵经理极为敬佩您，叮嘱我若拜访阁下时，务请您在这本书上签名……”边说边从公文包里取出这位客户最近出版的新著。于是这位客户不由自主地信任他。在这里，赵经理的仰慕和签书的要求只不过是个借口，目的是对这位客户进行恭维，使他开怀。

在被恭维者面前，若以第一人称的语气这样说，则必有谄媚的味道，会使人很容易洞察其目的，但这位高明的推销员有意撇开自己，用“我的上司是您的忠实读者”这种借他人之口的迂回之法，就比“我崇拜您”更巧妙、更有效，更容易使人接受。

赞美是对别人的尊重，也是送给别人的最好礼物和报酬，是搞好人际关系的一笔暂时看不到利润的投资。它表达的是你的一片善心和好意，传递的是你的信任和情感，储存的是你日后办事的无形资本。

可以说，赞美是友谊的源泉，是一种理想的黏合剂，它不但会把老相识、老朋友团结得更加紧密，而且可以把互不相识的人连在一起。适度地赞美他人是一种增进双方友谊、促进共同进步的交际艺术。我们发掘了对方的长处，将使他感到光荣，从而对自己的长处更加爱惜，培养比目前更为优越的长处；而对方也会反过来帮助你、赞赏你，这是一个双赢的过程。

多提提对方不为人知的得意之事

语言是人与人之间沟通的桥梁，赞赏他人就是走进他人心灵的最好路径。特别是对方值得称道的优点，当你发现了它们，并用真诚的语言赞扬对方的时候，对方自然会认为你是是个值得信任并了解他的人，也自然就拉近了你们之间的距离。

只要你愿意，你总是能够在别人身上找到某些值得称道的东西，也总是可能发现某些需要指责的东西，这取决于你寻找什么。一位心理学家曾成功地改变一位被认为“不可救药”的儿童，他的方法就是善于发现他值得赞美的长处。

孩子的父亲说：“这是我见过独一无二的孩子，简直没有一点可爱的品性，没有一点。”于是，心理学家开始从孩子身上寻找某些他能给予赞许的东西。结果他发现这孩子喜欢雕刻，并且工艺很巧妙，而在家里他曾因在家具上雕刻而受到惩罚。心理学家便为他买来雕刻工具，还告诉他如何使用这些工具，同时赞美他：“你知道，你雕刻的东西比我所认识的任何一个儿童雕刻得都好。”不久，他又发现了这个孩子几件值得赞美的事情。一天，这个孩子使每一个人都大吃一惊：没有什么人要求他，他把自己的房子清扫一新。当心理学家问他为什么这样做时，他说：“我想你会喜欢。”

无论大小，无论阅历与见识，每个人都有件很引以为荣的事情希望获得别人的欣赏和赞美。或为朋友上刀山、下火海般赴汤蹈火的英雄气概；或披荆斩棘、力挫群雄获得事业的成功；或卧薪尝胆、头悬梁锥刺骨的吃苦劲头，这些充分表露出他们雄心壮志、侠肝义胆的豪情，他们正等待着别人的评价，从而肯定他们不同寻常的人生价值。了解对方引以为荣的事情，是对他进行最贴心的慰藉，也是赢得好人缘的最恰当不过的方式。

蒋介石曾经就任黄埔军校校长，这是他一生中引以为荣的事情。在此期间，蒋介石不仅博得孙中山先生的厚爱并委以重任，而且也为国民党军队培养了一批杰出将领，如杜聿明等人。黄埔学生军在东征、北伐等战争中也都取得了辉煌战绩。蒋介石对这一期间的发达津津乐道，常常在客人面前提起。国民党军队中黄埔军校出身的军官都知道蒋介石的这个癖好，所以大家都尊称他“校长”，以表达对他的崇拜和敬仰之情，蒋介石则乐此不疲，如果有黄埔学生称他“总座”、“军座”，他反而不高兴。

相信每个人都不会拒绝别人真诚的赞美，但是赞美之词一定要说到对方的闪光点，不可流于世俗。比如对一个漂亮的女性，如果你经常夸她漂亮，这样“锦上添花”的赞美，她几乎天天都听，你再怎么费力赞美她，也不会让她觉得兴奋，但是如果你对她说：“你真是个才女，有能力，有才干，还这么漂亮，真是迷人。”相信她一定会喜上眉梢，认为你是一个很有眼光的人。

可见，说对方值得称道的地方时，最好是称赞他最不显眼、甚至连他自己也未曾发现的优点。因为他最大的优点有目共睹，大家都知道。如果经常称赞一个人这样的优点，可能会让这个人产生反感；而那些小的优点，因为从未或很少有人发现，因此也就显得弥足珍贵。而你的发现与称赞为对方增添了一份对自己的认识，也增加了一次重新评估自己价值的机会。同时，你不同凡响的观察力还会获得对方的器重。

影星朱莉·安德鲁斯，因为拍了《真善美》而红遍天。她除了演技好、容貌美、歌声令人陶醉之外，还有一巧嘴。

有一天，她去聆听鼎鼎大名的指挥家托斯卡尼尼的音乐会，就在音乐会结束之后，她和一些政要名流一起来到后台，向大指挥家恭贺演出的成功。

大家都夸奖指挥家“指挥得实在是棒极了！”、“抓住了名曲的神韵！”、“超水准的演出！”

大指挥家一一答谢。由于疲累，而且这种话实在是听得太多了，所以脸上显出有些敷衍的表情。忽然，他听到一个高雅温柔的声音对他说：“你很帅！”抬头一看，是朱莉·安德鲁斯。大指挥家眼睛亮了起来，精神抖擞地向这位美丽的女士道谢。

事后，托斯卡尼尼高兴地到处对人说：“她没说我指挥得好，她说我很帅哩！”恐怕大指挥家还是头一回听到有人赞美他帅呢！

就这样，大指挥家把朱莉当成了好朋友，时时去为她捧场。虽然只是一次面，大指挥家就时常抱怨与她“相见太晚”。

实践证明，抬举他人，就是抬举自己；赞美他人、善待他人，实际上是在为自己提升人气指数。你千万不要以为这是在为他人的成功铺路搭桥，你也别因这“善小而不为”，其实，它是在为自己实现人生的目标、攀登事业的高峰而架起成功的阶梯。这种既利人又利己的处世行为，我们何乐而不为呢？

第 8 种能力

培养什么场合都能和人聊得来的能力

那些亲和力超强的交际高手，绝不是那种端着架子高高在上，一味按照自己熟悉和喜欢的表达方式说话的人。与人交流，讲究的是见什么人说什么话，到什么山唱什么歌，不是要自己说得畅快，而是要对方听得舒服。

至于究竟要说什么、怎么说，则需要我们根据具体的环境氛围和对方的身份选择恰到好处的表达方式。

以轻松的八卦新闻和亲切的问候搞活交际会场

“交谈”是人与人之间传递信息情感，增进彼此了解和友谊的一种工具，但是，如果在交谈中想把话说好却不是一件容易的事。要使交谈起到上述的媒介作用，你应该培养和提高自己的交谈技巧。与人谈话最困难的，就是应讲什么话题。

一般在交际场中，第一句交谈是最不容易的。因为你不熟悉对方，不知道对方的性格、喜好和品性，又受时间的限制，不容许你多做了解或考虑，而又不宜冒昧地提出特殊话题。这就如同我们写文章，如果有了好题目，往往会文思泉涌，一挥而就；交谈也是如此，有了好话题，常能使谈话融洽、自如。好的话题是初步交谈的媒介、深入细谈的基础、纵情畅谈的开端。好话题的标准是：至少是一方熟悉，能谈；大家感兴趣，爱谈；有展开探讨的余地，好谈。

同时，选择话题时还要注意选择擅长的话题，尤其是交谈对象有研究、有兴趣的话题。比如，青年人对于足球、通俗歌曲、电影电视的话题较多关注，而老年人对于健身运动、饮食文化之类的话题较为熟悉；公职人员关注的多是时事政治、国家大事，而普通市民则更关注家庭生活，个人收入等；男人多关心事业、个人的专业，而妇女对家庭、物价、孩子、化妆、衣料、编织等更容易津津乐道。

一位小学教师和一名泥瓦匠，两者似乎没有相同之处。但是，如果这个泥瓦匠是一位小学生的家长，那么，两者可以就如何教育孩子各抒己见，交流看法；如果这个小学教师正要盖房或修房，那么，两者可以就如何购买建筑材料、选择修造方案沟通信息、切磋探讨。只要双方留意试探，就不难发现彼此有对某一问题的相同观点、某一方面共同的兴趣爱好、某一类大家共同关心的事情。

人与人的交谈中总带有一定“废话”：陌生人相见有礼节性的客套，客人会面要寒暄一番，实质性的话常常用委婉的说法表达出来……这些看来无关紧要的“多余话”，却是交流中不可或缺的工具。

20世纪80年代，意大利著名女记者奥琳埃娜·法拉奇打算到中国对邓小平同志进行一次专门采访。然而，当时中国刚刚改革开放，在此之前中国与西方世界有着长达几十年的冷战，法拉奇非常担心对邓小平的专访能否成功。于是，她翻阅了许多有关邓小平的书籍，在看到一本传记时，她注意到邓小平的生日是1904年8月22日，此时，她脑海中有了些想法。

1980年的8月22日，邓小平同志接受了法拉奇的专访。

“邓小平先生，首先我谨代表我们意大利人民祝福您，祝您生日快乐！”法拉奇十分谦逊有礼地说道。

“我的生日？我的生日不是明天吗？”邓小平辩道。

或许是工作太繁忙了，邓小平已经忘记了自己的生日。法拉奇这么一说，邓小平自己也搞糊涂了。

“不错的，邓小平先生，今天确实是您的生日。我是从您的传记中知道的。”法拉奇信心十足地说。

“噢！既然你这样说，就算是吧！我从来也不知道什么时候是我的生日。就算明天是我的生日，我也已经76岁了。76啊，早就是衰退的年龄了！这也值得祝贺？”

显然，法拉奇的问候已经让邓小平对她有了好感，所以邓小平不禁和她开了个小小的玩笑。

“邓小平先生，我父亲也是76岁了。如果我对他说那是一个衰退的年龄，他会给我一巴掌呢！”

法拉奇也和邓小平开起了玩笑。

邓小平听后，哈哈大笑。

“他做的也许对。不过，我相信你肯定不会对你父亲这样说的，对吧？”

采访气氛就这样十分融洽而轻松地形成了，接下来便是法拉奇此行的真正目的，她将谈话引入正题。

“邓小平先生，我想请教您几个大家都十分关心的问题，不知您能否给我一个圆满的解答。”

"我尽自己所能吧，尽量不让你感到失望。我总不能让远道而来的客人空手而回吧！要知道我们中国可是个礼仪之邦。"

由于法拉奇在采访开始前营造了一个良好的气氛，所以所问的问题都得到了满意的答复。法拉奇之所以能获得成功，是由于她明白：人与人之间的交谈其实是一种感情的交流。你要想让对方对你畅所欲言，必须首先形成一种兴奋的情绪，使对方的思维展开，这时人的心理才具有容纳性，才容易接受你的观点和劝导。

有些人在初识者面前感到拘谨难堪，只是没有发掘到合适的铺垫话题而已。

我们要学会在谈话的启动阶段对别人表现出关心的态度，嘘寒问暖的语言是必不可少的，比如："好久不见，最近还好吗？"、"刚到一个新的环境还能适应吗？"、"新同事刚来，有什么需要我帮忙的吗？"也许类似这样的语句对于所要沟通的内容并没有什么实质上的意义，但是这样的态度能让交谈的双方都感到放松、自然，谈话也才有了继续的可能，尤其是当沟通的内容是不好的消息的时候，这样的谈话氛围就显得更重要了。

培养幽默感，聚拢人气

幽默是一种能博得好感、赢得友谊的好方法，幽默是成功社交的捷径。也许你无法得到速成的爱，但是凭借幽默的力量，能使你的人际关系充满温暖与和谐，甚至得到陌生人的尊敬，这就是幽默的魅力。

抗战胜利后，著名画家张大千要从上海返回四川老家，行前好友为他设宴饯行，并特邀梅兰芳等人作陪。宴会开始，大家请张大千坐首座。张大千风趣地说："梅先生是君子，应坐首座；我是小人，应陪末座。"

梅兰芳和众人听了都不解其意，于是张大千解释说："不是有句话讲'君子动口，小人动手'吗？梅先生唱戏是动口，我作画是动手，我理该请梅先生坐首座。"满堂来宾听后为之大笑，并请两个人并排坐了首座。张大千自称为"小人"，实则"醉翁之意不在酒"，是对梅先生尊重的表示，它表现了张大千的豁达胸怀和谦虚美德，又制造了宽松和谐的交谈氛围。

心理学家凯瑟琳说过："如果你能使一个人对你有好感那么也就可能使周围的每一个人甚至是整个世界的人，都对你有好感。只要你不只是到处与人握手，而更是以你的友善、机智、幽默去传播你的信息，那么时空距离就会消失。"幽默能够引发喜悦，带来欢乐。幽默在文明社会中已经成为人们精神生活的一个重要方面。

轻松幽默的话题，往往能引起感情上的愉悦。只要有可能，最好能把庄重严肃的话题用轻松幽默的形式说出来，这样对方可能更容易接受。

不论你从事的是什么行业，不论你年龄大小，幽默都能为你的增色不少。它能帮助你含蓄而豁达地表现自己，帮助你成功地与他人交往和沟通，帮助你将不利于自己的状况一一化解。风趣幽默的语言往往能产生"四两拨千斤"的力量，达到举重若轻、以一当十的交流效果。

据说《大不列颠百科全书》最初几版收纳"爱情"条目，用了五页的篇幅，内容非常具体。但到第十四版之后这一条目却被删掉了，新增的"原子弹"条目也占了与之相当的篇幅。有一位读者为此感到愤慨，责备编辑部藐视这种人类最美好的感情，而热衷于杀人的武器。对此，该书的总编辑约斯特非常幽默地给予了回答：对于爱情，读百科全书不如亲身体验；而对于原子弹，亲身尝试不如读这本书好。

这位总编辑的回答，无疑是很幽默的。更重要的，是它包含了很深的哲理，将爱情和原子弹进行比较，既回答了读者的质问，又表达了他和读者一样，渴望人类最美好的感情、不愿原子弹真正成为"杀人凶手"的思想。

有幽默感的人，走到哪里都是广受欢迎的。

有些"名嘴"并不是因为他演讲的内容有多好，而因为他有幽默感，让全场笑声连连，虽然演讲没什么内容，但大家也不太去计较，反而有那"名嘴"的演讲，必定准时"报到"。

在餐桌上，有幽默的人可带动全场的气氛，让人留下令人愉快的回忆，而这有幽默感的人也必定成为餐会中的主角，让人印象深刻；而且还有一个可能——以后常会有人请你吃饭。

官员或企业主管若有幽默感，也可在无形之中凝聚力、向心力，化解不必要的纷争，并且为自己塑造亲和的形象。

有生活经验的人都会认识到幽默对于人生的重要性。在很多时候，幽默可以拉近人与人之间的距离，使你获得更多的好感与赞誉。而且这个时候你所赢得的称赞，往往不是在夸耀你的语言功夫，而是你的个性魅力。

我们每个人都喜欢幽默、需要幽默，幽默感是一种高层次的态度，需要长期的修炼：

1. 博览群书，拓宽知识面

积累丰富的知识，在各种场合与各种人接触都会胸有成竹，从容自如。

2. 培养高尚的情趣和乐观的信念

一个心胸狭隘、思想消极的人是不会有幽默感的，幽默属于那些心宽气平、对生活充满热情的人。

3. 提高观察力和想象力，运用联想和比喻

要有意识地训练自己对事物的快速应变能力和分析能力，多参加社会交往，多接触有幽默感的人。这种影响产生于无形的潜移默化中，使你在增强幽默感的同时扩大交际面，增强社交能力。

幽默往往是有知识、有修养的表现，是一种高雅的风度。有幽默感的人，大多也是知识渊博、思维敏捷、辩才杰出、的人。他们非常注意有趣的事物，懂得开玩笑的场合，善于因人、因事不同而开不同的玩笑，常令人耳目一新。

"抛球式"谈话方式，让人轻松接起你的话题

在与人交谈中，除了要吸引对方的兴趣之外，还有一个重要事项，就是要引导对方加入交谈。你必须注意：自己是否挫伤了对方的自信？是否给对方留有发表他们见解的机会，而不是拒之于谈话之外？更重要的是你能否对他们的话表现出关注，而不是显得只对自己感兴趣。交谈就像传接球，永远不是单

向的传递。如果其中有人没有接球，就会出现一阵尴尬的沉默，直到有人再次把球捡起来，继续传递，一切才能恢复正常。这里面有一个非常易于掌握的技巧问题：问一些需要回答的话，这样谈话就能持续不断。

掌握问话的技巧，恰到好处地提问，就能逐步探明对方的本意，从而达到交流的目的。开始时，应让对方回答一些较容易回答的问题，然后渐渐地提出一些不能用“是”或“不是”回答的问题，如：“你喜欢什么？”、“为什么喜欢呢？”不断地提出这类问题，对方即使是很厌烦，但仍然必须以自己的话来回答，当然这样也能较具体地把对方内心的话反映出来。在社交中特别想知道对方的意图时，这个方法可以有效地达到目的。

你跑到海鲜酒楼里，点菜时问服务员：“今天的龙虾好不好？”这等于白说，因为他一定会说好，除非你是一个熟客。倘若你另用一种方法：“今天有什么好的海鲜？”那么效果就会完全不同，你就可以吃到真正好吃的海鲜了。

在会议上我们经常听到主持者这样发问：“不知各位对此有何高见？”虽然从表面上看，这种问话很好听，但效果不好。因为，谁敢肯定自己的见解就高人一招呢？就算是高见，谁又好意思先开口呢。其实，不妨问：“各位有什么想法呢？”

提问不唐突，也是不可忽视的。假如在大庭广众之下问对方：“你有什么理由可说？”、“你迟到一小时，上哪儿混去了？”如此唐突的问法，令人难以下台，人家一定会很不高兴的。

怎样才能问得巧，首先要选择恰当的提问形式。提问形式有多种：

1. 限制型提问

这是一种目的性很强的提问技巧，它能帮助提问者获得较为理想的回答，减少被提问者说出拒绝的或提问者不愿接受的回答。

据说，因为一般香港茶室有些客人在喝可可时放个鸡蛋，所以，侍者在客人要可可时必问一句：“要不要放鸡蛋？”心理学家建议，侍者不要问“要不要放鸡蛋”，而要问“放一个还是两个鸡蛋？”这样的提问就缩小了对方的选择范围。这种问话，显然可以多做鸡蛋的生意。

2. 选择型提问

这种提问方式多用于朋友之间，同时也表明提问者并不在乎对方的抉择。如，你的朋友来你家做客，你留他吃饭，但不知他的口味，于是问他："今天咱们吃什么？牛排还是火腿？"

3. 婉转型提问

这种提问的意图是为了避免对方拒绝而出现尴尬局面。例如，一位先生爱上了一个女孩子，但他并不知道女孩子是否爱他，此话又不能直说，于是他试探地问："我可以陪你走走吗？"如女方不愿交往，她的拒绝也不会使对方难堪。

4. 协商型提问

如果你要别人按照你的意图去做事，应该用商量的口吻向对方提出。如你要秘书起草一份文件，把意图讲清之后，应该问一问："你看这样是否妥当？"提高了人们的参与意识之后，就可以很好地调动他们工作的积极性。

由此可见提问讲究方式，可以提高谈话水平，但话题的选择可是一大关键。

耐尔·柯华爵士曾经这么说过："我对于世界的重要性是微乎其微的，但从另一方面讲，我对于我自己却是非常重要的，我必须和自己一起工作，一起娱乐，一起分担忧愁和快乐。"

这完全正确，人类总是以自我为中心的。如果你对这个最基本的人类本性已不再感到震惊，那么你就会懂得如何调节自己适应谈话了。坦率地说，和对方谈他们感兴趣的话题，实际上对你自己也是有益的，尽管他们所爱好的和你所爱好的可能不尽相同。你可以先满足他们的自尊心，然后再满足你自己的。你越关心别人，别人也越关心你；你越尊重别人，你也能更多地受到别人的尊重。

找个合适的引子，跟想结识的人搭话

许多人都会有这样的感觉：面对一个对他毫无了解的陌生人，怎么没话找话地与他攀谈呢？其实这也不是无法解决的难题，你只要仔细观察对方，从他的兴趣、爱好、个性特点到他的水平和心情、处境入手，就能找到合适的话题。初次见面要做到一点，就要洞幽烛微，由细微处见品性。生活在同一时代、同一国土，只要善于寻找，何愁没有合适的引子？

一次刘小姐在拜访陌生人时，见其墙上挂有“制怒”二字，便知对方有克服易怒缺点的要求。便问道：“您平时很爱发脾气吗？”对方答：“我很容易冲动，但明知自己有这个毛病，却有时控制不了，为了提醒自己，就写下来挂在墙上，时刻告诫自己。”刘小姐由此话题谈开，先是表示非常理解，继而谈出自己的看法，对方也就同一问题谈出感想，两个人谈的非常投缘，这样就缩短了与陌生人的距离，使两人颇有“相见恨晚”之感。

要想让自己在社交场上游刃有余，就要想办法扩大自己的人际圈，而交更多的朋友就是最好的方法之一。朋友也是多种多样的，比如说玩友、饭友、球友、书友等等，他们之所以成为了你的朋友都有一个共通点，就是你们兴趣相同。正因为如此，彼此之间才会产生话题，从相识到相知，大多数朋友都是这样走过来的。一个没有朋友的人，无论是在学习上还是在工作上都会感到劲头不足，这就像是长在心灵上的花朵少了阳光的照耀，无法焕发出应有的朝气一样。如果你还在苦于不知如何与朋友相处，不知如何插入进朋友的话题，就一定要给自己补补课了。

要想让一个人尽快与自己从陌生走向熟悉进而成为朋友，首先，你要以热情的态度，率先出击。如果他是你早已经谋划了好久，非常想认识的人，那么你就要做好预习工作。对对方的信息多加了解，比如说性格、兴趣等等，这样一来“怯场”的概率就会少之又少。当然，在刚认识的时候，必要的“忽悠”是不可缺少的，比如你说："听你口音不像不本地人。"对方答："是的，我是云南的。"这时，你就要主动的去迎合他所引出的话题。你可以这样接招："云南?那可真是个好地方，我一直苦于没有机会到那里玩，听说那里很美。"一听到这里，对方的话题也就引开了。与人交流，能作为引子的东西其实有很多：

1. 中心开花

面对众多的陌生人，要选择众人关心的事件为话题，把话题对准大家的兴奋中心。这类话题是大家想谈、爱谈、又能谈的，人人有话，自然能说个不停，以致引起许多人的议论和发言。

2. 即兴引入

巧妙地借用彼时、彼地、彼人的某些材料为题，借此引发交谈。有人善于借助对方的姓名、籍贯、年龄、服饰、居室等，即兴引出话题，常能收到好的效果。"即兴引入"法的优点是灵活自然，就地取材，其关键是要思维敏捷，能够由此及彼的联想。

3. 投石问路

向河水中投块石子，探明水的深浅再前进，就能有把握地过河；与陌生人交谈，先提一些"投石"式的问题，在略有了解后再有目的地交谈，便能谈得更为自如。如"老兄在哪儿发财？"、"您孩子多大了？"

4. 循趣入题

问明他人的兴趣，循趣发问，能顺利地进入话题。如对方喜爱足球，便可以此为话题，谈最近的精彩赛事，某球星在场上的表现，以及中国队与外国队的差距等，都可以作为话题而引起对方的谈龄引发话题，类似"抽线头"、"插路标"，重点在引，目的在于导出对方的话茬儿。

5. 变"生"为"熟"

孔子说，"道不同，不相为谋"，只有志同道合，才能谈得拢。我国有许多"一见如故"的美谈，陌生人要能谈得投机，要在"故"字上做文章，变"生"为"故"。

交谈是双边活动，光了解对方，不让对方了解自己，同样难以深谈。陌生人如能从你的谈话中获取教益，双方会更亲近。适时切入，能把你的知识主动有效地献给对方，实际上符合"互补"原则，奠定了"情投意合"的基础。

插话有道，帮你自然加入谈话中的人群

在与人交谈的时候，往往会出现这样的情形：别人刚说个开头，有人就迫不及待地插嘴。这种急躁的态度，是有失礼貌的。

现实生活中，好的插话能取到事半功倍的效果，不适当的插话则使事情更糟。例如：两位女孩子正在一个角落里悄悄地说着什么，一位男士不自觉地凑上去闲道："你们在说什么呢？"结果遭到两个女孩子的一句"讨厌！"男士只好悻悻地走开了。

生活中不乏上面的事例，那位男士之所以把事情弄僵了，是因为他没有把握好插话的时机，结果遭到别人的抱怨或憎恨。

不要无端地打断别人的谈话，也要学会适时地插话。别人谈兴正浓的时候插嘴是一种冒犯，若不是鲁莽，便是对别人讲话不耐烦。每个人都喜欢别人从头到尾安静地听自己把话说完，以便借此展示自己的价值。老板、长辈尤其喜欢这样，所以，交谈时要专注于对方所讲的话题，等对方讲完以后，再开始你的话题。

即使你没听懂别人说的话，或是听漏了一两句，也千万别在对方说话途中突然提出问题，必须等到他把话说完，再提出："很抱歉！刚才中间有一两句你说的是……吗？"如果你是在对方谈话中间打断，问："等等，你刚才这句话能不能再重复一遍？"这样，会使对方有一种接受到命令或指示的感觉，显然，对你的印象就没那么好了。

说话除了要注意场合和对象外，还要把握好时机，什么时候该说，什么时候不该说；什么时候可插话，什么时候不可插话，都不是随随便便的。说话如果不注意审时度势，常常会把快钓到手的大鱼赶跑。

交际场合常常出现这样的情况：有的人口若悬河，滔滔不绝，十分健谈；而有的人即使坐了半天，也无从插话，找不到话题，这里就存在一个"切入"话

题时机的问题。

美国女记者芭芭拉·华特初遇美国航空业界巨头亚里士多德·欧纳西斯时，见他正与同行们热烈讨论着货运价格、航线、新的空运构想等问题，芭芭拉没法插上一句话。在共进午餐时，芭芭拉灵机一动，趁大家谈论业务中的短暂间隙，赶紧提问："欧纳西斯先生，你在海运和空运方面都取得了伟大的成就，这是令人震惊的。你是怎样开始的？当初你的职业是什么？"这个话题一下叩动了欧纳西斯的心弦，他立即同芭芭拉侃侃而谈起来，动情地回顾了自己的奋斗史。

聪明人善于接住他人的话茬儿，借题发挥、上承下转、巧妙应对，很好地触动他人的心弦，使一些悬而未决的问题终于得到解决。在交谈过程中应该如何插话，才能有助于达到最佳的交际效果呢？一般有以下几种方法：

1. 安慰式插话

当对方在同你谈某事，有时会因为担心你可能对此不感兴趣，显露出为难、犹豫的神情时，你可以伺机说一两句安慰的话。

"你能谈谈那件事吗？我十分想了解。"

"请你继续说。"

"我对此也是十分感兴趣的。"

此时你说的话是为了表明一个意思：我非常愿意听你的诉说，不管你说得怎样、说的是什么，我都喜欢听。用话语来消除对方的顾虑，坚定他说话的信心。

2. 疏导式插话

当对方由于心烦、愤怒等原因，在叙述中不能控制自己的感情时，你可用一两句话来疏导。

"你一定感到很气愤不平。"

"你心里一定很难受吧？"

当你说完这些话后，对方可能会发泄一番，感情好坏都不足为奇，因为，这些话的目的就是把对方心中郁结的一股异常情感"诱导"出来，对方发泄一番后，会感到轻松、解脱，从而能够从容地完成对问题的叙述。

需要特别注意的是，说这番话时不要陷入盲目安慰的误区。你不应对他人的话作出判断、评价，说一些诸如“你是对的”、“他不应该这样”之类的片面语。你的责任是顺应对方的情绪，为他疏通感情，而不应该“火上浇油”，使他的抑郁情绪进一步加强。

3. 推测式插话

当对方在叙述时迫切地想让你理解他的谈话内容时，你可以用一两句来推测对方话中的含义。

“你的想法是……”

“你想说的是这个意思吧……”

这样的综述，既能及时的验证你对对方谈话内容的理解程度，加深对其的印象，又能让对方感受到你的诚意，并能帮助你随时纠正理解中的偏差。

以上三种交谈中的插话技巧都有一个“共同点”，那就是不对对方的谈话内容发表客观判断、评论；不对对方的情感做出是与否的表示，始终处于一种中性的态度。这是一条重要界限，如果你试图超越这个界限，就有陷入沟通误区的危险，从而使一场谈话失去了方向和意义。

说话是沟通不是表演，要贴近对方的身份

战国时期著名的纵横家鬼谷子曾经精辟地总结出与不同身份的人交谈的方法：“与智者言依于博，与博者言依于辨，与辨者言依于贵，与贵者言依于势，与富者言依于豪，与贫者言依于利，与贱者言依于谦，与勇者言依于敢，与愚者言依于锐。此其术也，而常人反之。是故与智者言，将以此教之，而甚难为之也。”这段话用现在的语言来说就是：和聪明的人说话，要见识广博；和见闻广博的人说话，要有辨析能力；与地位高的人说话，态度要轩昂；与有钱的人说话，言语要豪爽；与穷人说话，要动之以情；与地位低下的人说话，要有礼；与好斗的人说话要态度谦逊；与勇敢的人说话，不能稍显怯懦；与愚笨的人说话，可以锋芒毕露。

由此可见，说话一定要注意对方的身份，对领导要尊敬，对同事要有礼貌，对下级要亲切，否则的话，会制造很多不必要的麻烦。

全国人口普查时，一个青年普查员向一位70多岁的老太太询问“有配偶吗？”老人愣了半天，然后反问“什么配偶？”普查员解释：“就是你丈夫。”老太太这才明白。

这位普查员说话不看对方的身份，难怪会闹笑话。所以，要想收到理想的表达效果，就应当看对象的身份说话，对什么人，说什么话。如果不看身份说话，人们听起来就会觉得别扭，甚至产生反感，那势必要影响交际效果。

古人说：“知己知彼，百战不殆。”说话也一样，在开口之前，必须先了解对方，然后针对对方的身份，采取不同的会谈技巧，只有这样才能把话说到别人心里去。否则就会惹得对方不高兴，甚至惹出是非。

一位衣着时髦的白领小姐为购买一件时装而迟疑不决时，年轻的女营业员忙上前说：“这件衣服品位高雅，销路很好，今天早上就卖出好几件。”可那位小姐听后立即走了。一会儿，一位中年妇女来了，准备买一件新潮的马甲，那位营业员接受了刚才的“教训”，便说：“这件马甲很气派，一般人穿着还压不住它，从进货到现在还没有卖出一件，看来只有你最适合了。”这位中年妇女听了气呼呼地走了。上面这位女营业员说话不看对方的身份，结果惹得顾客一肚子的不高兴，自然不会买她的衣服。作为白领，追求与众不同的效果，如果自己穿的衣服满大街都能看到，那是有失品位的；而对于中年妇女，最怕别人都不穿了的衣服自己才穿，那说明自己已经老了，赶不上潮流了。可见，说话不看对方的身份，难免事与愿违。

这就是说，在我们说话时，一定要看清对方的身份，然后才能有的放矢，收放自如。

对于一个初识者，最好不要刻意显出自己的深刻，宁可让对方认为你是个善良的普通人。假如一开始你就不能与他人处于同等的基础上，对方很难对你产生好感；如果你摆出一副高人一等的样子，别人会用同样的态度对待你。

有一位记者问一位离婚的名人是否再嫁，她答道：“曾经沧海难为水，除却巫山不是云。”这样的回答不能说不好，但是没有一定中国古典文学修养的人就听不懂。同样的问题，赵丹的夫人、作家黄宗英以喻作答就通俗易懂："我已经嫁给大海了，再不能嫁给小溪，再嫁就嫁给汪洋。"

一般说来，不要对一个无职业的人，去传播什么领导艺术；对一个普通工人农民摆出知识分子的架子，满口之乎者也，肯定让对方满头雾水，更别说会被接受了。要是遇见文化修养较高的人，也不能满口江湖气，那样容易引起对方反感，更无法获得交往的信任和好感；在学术会上，与会者都是专家教授，如果你仅仅是一个刚刚入门的初学者，却在会上夸夸其谈，俗话说："在圣人门口念《三字经》。"难免要跌跟头。

俗话说"秀才遇见兵，有理说不清"、"一把钥匙开一把锁"，我们在与人说话交流时，一定要根据对方的身份，用不同的说话策略，这样你才能成为一个受人欢迎的人。

能捧场时就不要拆台

生活中有些人快人快语，有啥说啥，百无禁忌，口无遮拦，假如在一个熟悉的环境里，大家彼此比较了解，知道这是你的个性，可能这还算你的可爱之处；假如在陌生之地，不熟悉你的人中，不分场合地点，不分谈话对象，一律口对着心，心里想什么就说什么，这是万万不可的。由于多方面原因所限，你不能保证自己想的都对、说的都对，而且听话人的接受能力也不同。不分青红皂白、不讲究方式方法的直言快语，往往带来不良后果。轻则使人下不来台，重则造成隔阂，遭人怨恨。

人际交往中的真诚不等于双方直接简单、毫无保留地交谈，它要求我们本着善意和理性，把那些真正有益于对方的东西系上美丽的红丝带送给对方。

舞蹈家邓肯是19世纪最富传奇色彩的女性，热情浪漫外加叛逆的个性，使她成为反对传统婚姻和传统舞蹈的前卫人物。她小时候更是纯真，常坦率得令人发窘。

圣诞节，学校举行庆祝大会，老师一边分糖果、蛋糕，一边说着："看啊，小朋友们，圣诞老人给你们带来什么礼物？"

邓肯马上站起来，严肃地说："世界上根本没有圣诞老人。"

老师虽然很生气，但还是压住心中的怒火，改口说："相信圣诞老人的乖女孩才能得到糖果。"

"我才不稀罕糖果。"邓肯回答。

老师勃然大怒，处罚邓肯坐到前面的地板上。

人无论身处在什么样的位置，也无论是在哪种情况下，都喜欢听好话，喜欢受到别人的赞扬。一个人不论他能力的强弱、地位的高低，都希望自己的努力能够得到他人和社会的承认，这也是人之常情。会办事的人，此时必然避其锋芒，即使觉得他做得不好，也不会直言相对。生性圆滑、善于见风使舵的人，则会阿谀奉承，拍拍马屁。

即使在一些生活小事中，也要学会维护好良好的气氛。

当你去拜访朋友，主人热情地拿出水果、零食招待你，而你却直言说："不吃，不吃，我从来就不喜欢吃零食，对这几样东西更是没有兴趣。"这样不仅让人扫兴，而且还伤了主人的自尊心。你应该体谅到主人的一片热情和好意，委婉地说："谢谢，谢谢!多新鲜的水果，多高级的糖，只可惜刚吃完饭，没有胃口吃了，太遗憾了！"

在生活中，人与人之间交流很是避免不了的，同时说话的双方彼此都希望对方能对自己实话实说。但在某些特定的场合下，如顾及面子、自尊，以及出于保密等等，实话实说往往会令人尴尬、伤人自尊，因此，实话是要说的，但要拐弯抹角的说。

无论在生活或是工作中，那种不顾别人感受，处处与人对着来的做法无疑是不受欢迎的。这时你不妨采取一种委婉的表达方式，既表达了自己的态度，又不会破坏了别人的好心情。

1. 转移话题，制造轻松气氛

在交际场合中，如果某个较为严肃、敏感的问题弄得交谈双方都很对立，甚至阻碍交谈正常顺利进行时，我们可以暂时让它回避一下，通过转移话题，用一些轻松、愉快的话题来活跃气氛，转移双方的注意力，或者通过幽默的话语将严肃的话题淡化，使原来僵持的场面重新活跃起来，从而缓和尴尬的局面。

2. 善意曲解，化干戈为玉帛

在交际活动中，交际的双方或第三者由于彼此言语之间造成误会，常常会说出一些让别人感到惊讶的话语，做出一些怪异的行为举止，从而导致尴尬和难堪场面的出现。为了缓解这种局面，我们可以采用故意“误会”的办法，装做不明白或故意不理睬他们言语行为的真实含义，而从善意的角度来做出有利于化解尴尬局面的解释，即对该事件加以善意的曲解，将局面朝有利缓解的方向引导转化。

3. 善用假设，巧避锋芒

在特定的交际场合，有时碍于面子，有时把握不准，这时可以用假设句去表达。

有时，与师长、上级辩论，你认定自己的观点绝对正确，不能让步，可是出于礼貌或无奈不能坚持，在这两难境地，假设句可说是很好的解围方式。一个学生和班主任争论男生能不能到女生宿舍串门的问题，老师一口咬定绝对不能。学生很长时间不能说服老师，又见老师似有怒意，为了结束争论，给老师一个台阶下，他巧妙地说：“如果老师说得正确，那我肯定错了。”这本是一句废话，它并没有肯定老师的观点，然而这位老师听了却不再争执了。

由于附加了假设的条件，使表达变得婉转，所以问话人、说话者和涉及对象都能接受。

捧场是对别人的支持，懂得为别人“捧场”的人多是有智慧、有“心计”的人。给别人“捧场”，实际上是对别人的成功及其艰辛的过程予以肯定和鼓励，同时也是自己与人为善的展示，能为自己赢得更多的人缘。

YI FEN ZHONG

第 9 种能力

练就瞬间看透他人内心的本领

“百样米养百样人”，在社会上生存，我们免不了要和各式各样的人打交道。这里面有两点是应当小心的，第一，和陌生人接触，要学会通过服饰、气质、言谈举止等细节观察他的性格与背景，做到知己知彼；第二，对于一些典型性的人物，要尽力适应他们的“个性”表现，争取他们的认同，同时也让自己的人气更旺。

暗处识人，练就火眼金睛

在人际交往中，了解对方的心态，有利于选择合适的沟通交往方式。但是，对方的喜怒哀乐都藏在他自己心里，我们如何知道呢？这从他的身体姿态上可以看出来。因为身体姿态是一种无形的语言，能泄露一个人内心的秘密。

心理学家弗洛伊德认为：凡人皆无法隐藏私情，他的嘴可以保持缄默，但他的手脚却会“多嘴多舌”。

洞察体态语言，可以让我们更好地理解他人的情绪、态度和观点；反过来，也是为了更好地传情达意，获得更多的理解与支持。

这里讲的研究和洞察并不是主张你像“八婆”一样张家长李家短的，挖人家隐私，惹人厌烦，此“研究”非彼“研究”。洞察别人的心理状态是社交能力重要的一环。人际交往也是需要有极高悟性的，如你只看到别人的行为，却不尝试去了解对方做事时的处境和感受，便马上从别人的行为去判断对方是一个怎样的人。这种重判断而轻了解的取向，是社交能力发展的一大障碍。世界上没有两个人是完全相同的，所以不同的人要采取不同的对待方法。一般来说，就像是一个人养了一只老虎和一只羊，对待老虎是要喂肉的，对待羊是要喂草的；如果你不信这个邪偏要喂老虎吃草，喂羊吃肉，那么结果一定是这两种动物都会被活活的饿死，其结局就是你既失去了老虎又没了羊，两手空空，一无所得。

放弃个人的偏见，搁下“光环效应”下的产物，把自己看成是“特务”也不足为怪。在跟人打交道时，要多多观察他们的行为态度以了解他们的心态。

自古以来就有“眼睛是心灵的窗户”的说法，在一般的情况下，人们的感情毫无保留地显示在眼睛，如果在对方显示出信息后，利用身体距离，让对方与你缩小心理距离，这样你就占尽了优势。

第一，对方虽站在稍远的位置，但彼此视线相对的频率高，则这个人对你怀有敬意，也有亲近感，认为应和你保持目前的关系。

第二，对方站在稍远的位置，且彼此视线相对的频率较低，可能这个人对你具有恐惧感，没有亲近感，且想与你保持疏远关系。

另外，一个人的心理活动，会在手足的动作里显露无遗。

当人们兴高采烈时，不但笑容满面，甚至会欢呼雀跃，那种喜悦在手舞足蹈中表现出来。人在紧张时，脸上的肌肉会抽搐或紧绷，而且做其他动作都不自在，甚至会双脚打颤。

要观察内心的感触和感情，那么身体语言就成为重要的辅助手段。

在身体的各个部位中，手的活动最为灵便，人的手势种类繁多、含义丰富，在与人交往的过程中，灵活多变的手势是身体语言中当之无愧的主角。所以，手势的好坏，往往在很大程度上影响着办事的成功与否。

手势语言可以表示："过来、去吧、欢迎、惜别、友好、祝贺、不同意、为难……"等多种意思。如：用手指头，表示不耐烦；用手托下巴，表示老练、机智；双手指尖相合，形成塔尖型，表示充满自信；双手紧绞在一起，表示精神紧张；摊开双手，表示真诚坦白；不自觉地用手摸脸、摸鼻子是说谎的反映；当思考的速度加快时，手的动作也会急速起来，因为手的动作与思考的速度成正比。当脑海里浮现新的构想时，那么，用手抚摸头的次数就会增加。

此外，也有人惯用拳头击掌或者故意把手指捏得咔咔地响。这种人大部分对自己体力充满着自信，所以，他们做出这些动作来威吓对方，不过在这时，他们的心理活动并不激烈。

而当对手把手臂抱着时，则表示他对你开始注意并对你严加防范了，而且随时都要反击你，而当交叉相抱的是胳膊而不是手臂时，则表示他根本瞧不起你。

这种交叉双臂的姿势是日常生活中极普遍的姿态，而且根据研究显示，这种姿势似乎在世界各地都同样代表防卫的姿势。老师和老师在一起时常用这种姿势；医生和医生在一起讨论时，也常出现这种姿势；小孩子们叉起手臂来抗议父母的唠叨；老年人叉起手臂来维护自己的尊严。这种姿势似乎可以使人自觉稳如泰山，能对抗任何攻击。

研究者们发现，这种姿势似乎是最容易被了解也是最富有感染力的。在一个4人以上的团体中，若你将双手一叉，很快就会发现这种姿势的影响力。你叉着双臂听人说话，叉着双臂发表自己的意见，然后注意看，团体中很快就会有人学上了你的姿势，先是一个、两个，然后所有的人都受到了影响。虽然并非每个人都叉起了手臂，但是你会发觉这个团体分裂成小集团，而且各执己见，难以互相沟通。

这些身体语言，不一而足，只要细心观察，就会发现其中的含义。

通过类似的方法，我们可以从不同的侧面去发现一个人表层和内在的各种东西，从而对他有尽可能多的了解。这样，许多不同的面目都呈现在眼前，我们就可以从中有选择地进行结交，以期得到可靠的、忠诚的朋友，建立一种清晰而有利的关系，从而对我们的生活和事业有所助益。

从服饰上观察一个人的个性与追求

现代社会，服饰往往可以十分准确的表现一个人的性格特点，这样讲绝不是信口开河。现在是个个性张扬的时代，种类繁多的服饰恰恰可以满足人们心理展示自我独一无二的需求。明星们在参加同一个活动的时候害怕“撞衫”；世界顶级的服装品牌总会搞“限量”这种把戏，都是抓住了人们的这一心理特点。在社交场上也是一样的，着装并不仅仅是一种颜色、一种样式的展现，也是着装人性格的“外穿”。性格往往就成了支持服装风格的“骨”，看衣识人这种本事真是不能不学的绝招。

每个人所选购的衣服，包括样式、颜色、质地等都是自己心理状态的直接体现，了解了这些，对初见的陌生人也尽可了如指掌。

1. 满足着装华丽者的表现欲

在大庭广众之中，我们可以发现某些人总是穿着引人注目的华美服饰，这种人大体上有强烈的自我表现欲。同时这种人对于金钱的欲望特别迫切。

所以，当你与这类身着华服的人做生意时，你就能洞察到他们的这种心理，多夸奖他们的服饰，满足其膨胀的表现欲是一个好办法，这样这种人不仅不会与你为敌，反而会轻易地答应你所提出的条件。

2. 给着装朴素者留点面子

有一种人穿着非常朴素，不爱穿华美的衣服，这种人大多缺乏主体性格，对自己缺乏信心。希望对别人施予威严，想要弥补自己的自卑心理。和这种人谈话时，千万注意别与他们争执不休，因为越是自卑的人，越想掩饰自己的自卑，越会与人喋喋不休地争吵，以期保存一点点残存的面子，争吵绝对不利于和他保持良好的生意关系。这时候，你可以大大方方承认他的观点，他反而会感到你的宽容大度，在对方心平气顺的时候，你可能会取得意想不到的效果。

3. 流行是着装时髦者永远感兴趣的话题

有一种人，完全不理会自己的嗜好和别人的看法，甚至说不知道自己真正喜欢什么，他们只以流行为嗜好，向流行看齐。实际上，这种人在内心深处常有一种孤独感，情绪也经常不安。与此类人打交道，可以采取“以迂为直”的策略，你不妨也来点“时髦”，并尽量从时下最流行的事和物谈起，从而引起对方对你这个人感兴趣，然后再逐步切入正题。

4. 谨慎对待不理时尚的着装者

有一种对于流行的状况丝毫不为所动的人，这种人的个性可以说是十分强硬，但也有一些人是不敢面对外面的花花世界，而一味地把自己关在小屋子里。这种人认为：如果事事跟别人趋同，岂不是等于失去了自我？这种人常常以自我为中心，经常弄得大家索然无味。和这种人谈话，要采取“顺毛捋”的办法哄着、顺着，在其兴高采烈之中，不知不觉拍板成交。

5. 让突然改变着装习惯者得到赞美和认可

也许你某一天发现经常打交道的客户突然改变了习惯的穿戴，你千万不要惊慌，对于这种突然改变自己服装嗜好的人，你若想与他保持良好的关系，应当显得不当一回事儿或者赞美他穿什么都很不错之类的话，相信他的心灵大门一定会向你敞开，假若你承认他的态度比别人质疑他的态度要强，你会赢得他的真情回报。

6. 对流行不狂热也不漠然的着装者最可靠

这一类人处事中庸，情绪稳定，一般不会做什么出格的事。他们多有理性，不过于顺从欲望，也不盲从大众时尚。此种人比较可靠，值得结交。与他们交往应以诚为本，因为他们是你可以信赖的人。

另外，几乎每个人都有自己偏好的一种或是几种颜色。它们恰恰是展示一个人性情的标识。与人交往几次过后，一般而言通过他的着装我们就能大略的了解到此人对颜色的偏好了。喜欢鲜艳色调的，一般都豁达、健康，或热情奔放，以自我为中心；喜欢穿浅色系的，一般都高尚、纯粹，潜意识里带有些冷淡，给人间隔感等等。

在鞋子的选择上，爱穿正统黑皮鞋的男人多是大男子主义。这类人对待穿鞋子方面总是显得中规中矩的，鞋子擦得很亮，他们绝对不会忍受自己穿双脏鞋子或旧鞋子出门。如果若在休闲的时候都选择这类鞋子的人你就一定要小心了，他肯定有不折不扣的大男人主义倾向，而且做事极为严谨认真；爱穿休闲鞋的男人重品位。这类人对鞋子要求很高，不但要舒适，而且更注重鞋子的款式，还要搭配合适的服装。他们注重于生活的质量，并且做事情喜欢占在高处掌握着主动权。不仅如此，他们往往对自己要求严格，几乎不允许自己犯错，对伴侣、下属更为挑剔；另外还有，重复购买固定式样鞋子的男人很怀旧；节俭穿鞋的男人很保守；随便穿鞋的男人不拘小节、眼高手低等等。

我们只要通过以上认真仔细的捉摸，也就比较全面地了解到对方各方面的情况，也就为他人给你办事做了铺垫。有了这么多关于对方的信息揭示，你也就较为容易地在你脑中确立一个对方的具体形象。这时，你要对得到的信息进行一个迅速的加工整理，看哪些能够作为与其建立良好关系拉近关系的最佳突破口。

谈话前先通过多方面的渠道了解对方

身在社会少不得交际，而交际比如须讲究策略。这里提供给你一个很好的策略，那就是在接触一个人前，先打探好对方近来的生活情形，据此，便可对症下药，不致说了不恰当的话。

我们若能弄明白交谈对象的生活情形，即经济状况、生活品位、心情状态等多重因素，这些都是把握交谈对象心态的重要材料。掌握了这些你就能更好地了解对方的所思所想，以及他的利益所在。这样，在同他结交或者合作的时候，就能找到一个突破口。

英国著名的演员约翰娜在刚出道时并没有什么名气，常常没有工作可做，又不知道怎样打开一条路。她曾经多次应征去试镜，要在电视节目和广告里担任角色。

有人鼓励她每次得到机会拍片的时候，哪怕扮演的是最不重要的角色，也要同主角一起拍几张照片。从这时起，约翰娜每次有工作机会都会找人拍照，然后印成10寸的剧照，并且注明每个电视片的片名、主角姓名和播出的日期、时间、频道，还用大写字母标明“约翰娜扮演角色”。

为了进一步增加成功机会，每次有人找她商谈拍片的事，她都会事先到图书馆翻看有关的杂志，看看有没有介绍那个片子的作者、导演、制片人和主角的文章，凡是能够找到的材料，她都仔细阅读，熟悉那些将要上镜头的人和幕后的人。这样，她在面试的时候就能谈出较多的想法，而显得与众不同了。

约翰娜在参加面试之前，对于怎样表达自己的想法，怎样梳妆打扮、穿什衣服、表情和姿势如何以及怎样给人一种精力充沛的印象，每一项都花几个小时做准备。她还找人与她一起排练说话内容，她希望与遴选演员的导演谈话时，会表现得更友善、热情而充满自信。

约翰娜在做这些之前，每年演出的收入只有五千多元，而现在她收入之高不知令多少人羡慕。这要得益于她的精心准备，努力将自己推销出去。

了解对方的实力背景，心思好恶之后，我们才可能对症下药，把话说到他的心里去。

当年胡雪岩要做军火生意，托熟悉洋务的古应春拟个可行性计划递交官府。古应春洋洋洒洒地写完，递到了胡雪岩手里。

胡雪岩目光锐利，他知道像这些"说帖"，最要紧的是简洁，要几句话就能把那些大官儿说动心的，才是上品。古应春的笔下很了得，但流畅有余，不免枝蔓，他把洋枪、火药的好处，原原本本谈起，好虽好，看来却有些吃力，官员有没有看完的耐心，都很难说。

于是他给古应春提了一个绝好的建议——看似无理，却颇有实效：说英国人运到上海的洋枪、火药有限，卖了给官军，就没有货色再卖给洪秀全的军队及各地其他人，所以这方面多买一支，那方面就少得一支，出入之间，要以双倍计算。换句话说，官军花一支枪的钱，等于买了两支枪。

"你这个算法倒很精明，无奈不合实情。英国人的军械，来了一批又一批，源源不绝，不会有什么卖给这个、就不能再卖给那个的道理。"

"是的。应春兄，这种情形，我清楚，你更清楚，不过做官的不清楚，京城里的皇上和军机大臣，更不会清楚。我们只要说得动听就是。"

这正是胡雪岩的世情练达之处，要彻底说服人，就要揣摩他的心思行事，一语中的，干净利索。否则，即使洋洋万言，也不啻对牛弹琴。

有句老话叫"秀才遇到兵，有理说不清"，一方面，那是因为作"兵"的蛮横无理，另一方面，"秀才"的一方，也应该检查一下自己的行事作风。若大家是同道中人，大可之乎者也地谦恭推让一番之后，再言归正传；若是与素来喜欢干脆痛快的人打交道，就应该把话直截了当地就出来，别让人误会了自己的本意。

王教授是工程力学专家，一次，一个跨国集团的中国分部致函于他，邀请他在一个大型学术活动中发言。王教授谦逊道："鄙人才疏学浅，也没有什么高明的见解，怕与贵公司的声誉不称啊！"偏偏执函而来的职员，是个只有西方教育背景的年轻人，他不理解王教授这欲迎还拒的太极门道，回去报告说王教授“不喜欢参加”这个活动，于是好好的一件事，就这么砸了。

与人会谈之前，只要用心一些，就完全可能掌握第一手材料，弄清对方的生活情形。这个简单的程序却的确能为交谈与合作带来极大的好处，我们可以通过它掌握谈话的主动权，有的放矢，言中要点。

细心聆听，明白对方的弦外之音

俗话说“听话听音，锣鼓听声”，在交谈有些话有时候不会说得不那么直白，这就需要你领会对方的弦外之音，别被表面的字眼弄迷糊了。

假设我们的车子停在路边，一只轮胎漏了气，正当我们在拼命地想办法的时候，一位好心肠的青年走过来，问：“轮胎漏气了？”我们硬要照字面来解释，可能回答：“这还看不出来，笨蛋！”可是如果懂得他的用意，就会好言好语地回答他的关切，也许他立刻就会帮我们换轮胎了。

曼宁哲博士在他的《以爱对恨》一书里，把“轮胎漏气了？”这句话注释如下：“喂——我看你有麻烦了。别以为我不认识你，现在机会到了，只要你肯，我也许可以做你的朋友。你容我亲近吗？如果我帮助你，你是不是欢迎？我愿意帮助你，可是我不想碰钉子。”

这个年轻人为什么不干脆地说：“我很愿意帮你的忙？”曼宁哲博士解释：“一般人都胆怯，而且彼此猜疑，不愿有话直说。他们愿意探探对方的口气，需要先弄明白对方是不是和自己的性格一样。”

生活中，许多人由于不通人情世故，没有听出他人的弦外之音、言外之意，结果成了不受欢迎的人，甚至由于揣摩不出领导话里话外隐藏的含义，而为自己招来大麻烦。

范军刚调入一家公司时，科长对他说：“你才来到，恐怕对此处的各种情况都很生疏，不妨先走走看看，等你把各处的具体情况熟悉了之后再说。”

这位科长似乎十分通情达理，范军也信以为真，于是他在公司里悠闲地逛了3个月，没做什么具体工作。

没料到，有一天科长突然把范军叫去，用一种十分不快的口吻说："我是欣赏你的工作能力才推荐你来公司的，可是许多职工都反映，你整天闲逛，懒懒散散，大家因此而满腹意见，你可要注意影响，有点作为呀！"

范军听了以后，哑口无言。但他在心里却暗暗地想道："不是你叫我走走看看，熟悉情况的吗？我现在完全按你的吩咐去做，你反而责怪我了。"

这件事究竟是谁的过错呢？我们只要稍加分析，就能发现，这应完全归咎于范军的天真和疏忽。

范军是被科长看中而特地录用的。开始，科长的嘱咐纯属客套，其背后的潜台词是：新进人员在不熟悉情况时贸然行事，容易遭到老职工的抵制，所以，谨慎小心为妙。

但是，范军对科长的用意居然一无所知，天真地领会科长的客套话，并照办不误，因而出现了纰漏。此时，他若不受科长的责备，才是怪事呢！

领导或上司对部属的期待，不会每次都以率直的语言表达出来，有时嘴上说"这样做"，心中却要求"那样做"。也就是说，上司有时因为碍于情面，会用委婉暗示或其他曲折隐晦的方式把自己的要求说出来，因而，他所形之于语言的和他内心所期待的并不完全合拍，其表里是不一致的。

张雨到一个向往已久的公司应聘，参加面试的人非常多。大多数应聘者都很紧张，张雨因为做了充分的准备，所以自信的她心里暗暗窃喜。

好不容易轮到自己了，她用丰富的知识以及自己心里的预演，与主考官谈得非常投机，主考官对她的表现也颇为满意。于是，兴致勃勃的张雨不仅圆满地回答完了问题，还与主管聊起了家常。

就在张雨滔滔不绝的时候，她看见主管看了看手表，并开始变换坐姿。此时，张雨突然意识到，自己占用的时间远远超出了考官的限制。于是。她立即结束了话题，还为自己的疏忽耽误了主考官时间，向主考官道歉，并随手摆好了凳子，拿走了自己的水杯。面试结束后的第二天，公司通知张雨通过了面试。

有话这么说："如果你想了解一个人，不是去听他说出的话，而要去琢磨他没有说出的话。"一般来说，一个人不会把自己的真实意见想法直接地表达出来，但他的感情或意见，总会在他的语言和姿态中表达里体现得清清楚楚。如果你想真正地了解一个人，就不要去刨根问底，试图让对方表白自己，而是要做一个老老实实的听者，从他的弦外之音中揣摩出对方真正的心思。

对于傲慢的人，谈话要直奔主题

傲慢的人自视甚高，目中无人，表现出“唯我独尊”的样子，仿佛围的人都不如他，地位都要比他低。

正是因为这类人自我认定的高姿态、傲慢无礼的态度，让我们有“空子”可钻。首先，在保证能阐述清楚谈话内容的情况下，尽可能的减少与其交往的时间。把握好自己手中交谈的“砝码”，在能够充分表达自己的意见和态度，或在某些情况下，尽量减少他表现自己傲慢无礼的机会。如果你以最少的话清楚的表达了你的要求和问题时，因为他们特有的性格特点，往往会由于少了表现“性格”的机会而不得不认真思考你所提出的问题，从而使事情顺利的进行下去。

傲慢的人，多半有足以傲慢的条件。失去了这个条件，傲慢者也一反其从前之所为；拥有了这个条件，伪装谦虚者，也会改变其常态，可见傲慢是后天的，不是先天的，是环境所造成的。对待傲慢且无礼之为，要求说话简洁有力，抛出内容的关键点，至于值不值得，应不应该去做让他自己去寻思吧，不要给他施展“傲慢”的机会。

两年前，李仪离开了工作5年的国企，跳入商“海”中，做了一名普通的销售人员。当时，她没有对自己提出过高的要求，因为她觉得市场并不一定认可她在国企的辉煌。

李仪为自己整理思路：自己3年的国企工作经验可以看做是一个纵向坐标，她了解房地产从物业到开发的全过程；如今，市场是个横向坐标，她需要对行业进行全面了解。

她经历了一些房地产业的运营流程，从事过财务、销售、策划、管理、客户、培训等环节的工作。

一次，李仪参加一个大型的人才招聘会，来到一家心仪已久的公司。她早就听说过，这家公司人事主管工作能力一流，手腕强硬，同时也是个极为难缠的傲慢人物。李仪决定和他的谈话要直奔主题，用能力来证明自己。

“这么大的人才招聘会，我只关注两个公司，最后还是把简历投给贵公司。”李仪递上简历，非常真诚地告诉考官。

主考官立刻有了兴趣，试探着说了一句：“你对我们的期望别太高。”

李仪的话接得很有技巧：“我从事这行的培训，从第一家到最后一家，经典案例始终是你们。现在，我想亲眼看看我听过的经典案例到底是怎样运作的。”

主考官立刻被她的话所吸引，就这样，李仪赢得了面谈机会。

在面谈中，经过一番问答之后，主考官允许应聘者发问。到李仪时，她的第一个问题就引起考官的兴趣：“在北京市刚刚评选出的金牌发展商中，你们处于哪个档次？”“据我估测，你们的收入应该是……那你们的转型是怎样操作的？”

一个接一个的问题让主考官惊讶异常：“你对我们经营策略之了解，如同你是策划者一样。”

李仪的表现，彻底折服了傲慢的主考官。

面对高高在上的人，畏惧只会让他们更加看轻了你。对于这类人话多不如话精，本着一语中的的原则是最为明智的举动。

正气凛然、咄咄逼人的硬话的确具有非凡的效果。在说服高傲的人时，气势起着非常关键的作用。若你畏畏缩缩、矮人一截、不敢和人针锋相对，他就不会把你的意见当成一回事；反之，如果你理直气壮、临危不惧，在气势上压倒对方，对方自然就会接受你的意见。

对于危险人物，保持君子之交

一般情况下，我们都喜欢与自己层次相同、爱好相近的人交往，其实这对人脉的发展是一个障碍。试想一下，如果你一直做一个跑腿打杂的小职员也还罢了，如果你有朝一日做到独当一面的位置上，就可能要和各种各样的人打交道，了解他们的经历，思维习惯，爱好，学习他们处理问题的模式，了解社会各个角落的现象和问题，这是以后发展的巨大的本钱；如果没有这些以后就会笨手笨脚，跌跌撞撞，遇到重重困难，交不少学费，成功的概率大大降低！

一般而言，好的朋友是财富，坏的朋友就是祸害。而我们除了要亲益友、远损友之外，完善自己、提升自己才是交友最重要的前提，一个有品质的个体一般会作出正确的交友选择，甚至可以不拘繁缛规范，大气交友，甚至可以“与狼共舞”而不危害自己。做好自己，客观上也可以做一个别人的益友，为朋友、为团队、为社会作出贡献。在现代社会，交往对象特别复杂，怎样结交一些特殊人物和与特殊群体相处，是一个重要课题，它考验着一个人的才能智慧和勇气，更检验着一个人的品德与立场。

交友的最高境界当然是交遍各个层次、各种类型的人，然后取长补短，互通有无。当然，做到这一点是有难度的，也可能是你目前的状态和境况都不适于广交天下宾朋，那么，退而求其次，要小心谨慎，处理好与一些边缘人物的关系。

有一个村子，一共有二十多户人家。有年除夕，两个年轻人为了争夺一个女人大打出手，其中一个被打死，另一个因为凶狠霸道抢到了女人。大家都怕这家人，平时不敢与这个凶人来往。这家凶人的另一边住了一个老头儿。老头儿打柴为生，平时不爱说话，但要是商量什么事，也会到处走走，人们就经常看见他出入凶人之家。有人劝他不要去，小心点，老头儿说“无所谓”。两家人相处正常，关系不坏也不很好。又过了些时候，凶人家的年轻人又打死了人，被抓走。官府调查邻里，一听老头儿与这凶手平时相处不错，大为吃惊，说：“这人曾在外面杀过几个人，这老头儿怎么还敢与他来往？”没想到老头儿平静地说：“我无法判断他是什么样的人。我又不惹他，他也伤不到我头上。”

这个老头儿可谓高人，以平常心避开了来自身边的杀机。

世界上什么人都有，恶人自有恶人磨，还有司法机给他做裁决，一个平常人，守住自己的本分，做自己的事，是一种大智若愚的处世法则。

另外，还是一点要强调的是，既然和三教九流相交，就不能总是拿自己的标准去衡量别人。如果你认为自己的“理”可以走遍天下，很显然就会对自己造成阻碍了，因为别人不可能尊重、接受你的道理，你虽然自认有“理”，可是在别人眼中，却是个顽固、蛮横不讲理的人，这样当然不可能“走遍天下”，连出门都难呢！

至于客观的道理，这是众所周知、普遍接受的，符合了道德、法律、公义的标准。可是有了这种“理”，也并不一定能“走遍天下”，因为有这种“理”的人，一般都具有君子的正直风格，而正直却是不太适合在人性丛林里存在的东西。因为你有“理”，便显得有些人无“理”！尤其当你的“理”与别人的“理”发生冲突时，为了自己的“理”对方不见得就会接受你的“理”，如硬要让你的“理”通行，便不免发生伤害，于是人际关系上便会出现阻碍，有些路便走不通了！这是正直君子的悲哀，也是人性丛林里的法则。

“礼”是一种和平的、内敛的动作，不会激起对方的防卫意识，因此你的路便出现了很大的回旋空间，而且别人永远不会把你当成敌人，这是“有理”的人所无法做到的。所以，很多办不通的事，有了“礼”就通了！

细心请教，赢得专业人士的好感

在人生道路上，如果能得到导师型朋友的指点和帮助，就能使你少走不少弯路。我们身边不乏这样的例子：有的人尽管竭尽平生之力，但在事业上仍然一筹莫展。一个偶然的机会，某位关键人物的一句话，却使他马上看到了光明；或者是有的人努力多年，仍然看不到出路在哪里，前辈一番指点，使他茅塞顿开，找到自己的方向。这种导师型的朋友常为困境中的友人指点光明之所在，常为在学业和事业上作最后冲刺的人送去支持和力量。

银行业是非常注重资历和经验的，所以在银行中担任要职的往往是老成持重的人物。但一个年轻人只用了不到十年的时间就登上了"金字塔尖"，他的成功经历引起了很多人的兴趣。

一位作家打算揭开这个谜底，他去拜访这个年轻的银行家时问："很少有年纪这么轻就能在银行里得到这么高职位的人。请告诉我你是如何奋斗的?"

"这需要花许多功夫，并且要勇于奉献，"年轻的银行家解释，"但真正的秘诀是，我选择了一位良师。"

"一位良师，这是什么意思？"作家问。

银行家说："在我大学快毕业时，有一位退休的银行家到班上做讲座。他当时已经七十多岁了。他的临别赠言是：'如果你们有什么需要我帮忙的地方，尽管打电话给我。'听起来好像他只是客套一番，但他的建议却引起了我的兴趣。我需要他给我些建议，告诉我在我想进入银行业时先走哪一步才是正确的，可我又很怕碰钉子，毕竟他是个杰出的人，而我只不过是个即将毕业的大学生而已。但是最后，我还是鼓起勇气打电话给他。"

"结果怎么样？"

年轻的银行家这么回答："他非常友善，甚至邀请我与他见面谈谈。我去了，得到许多意见，满载而归。他给我一些非常好的指导，告诉我应该选择在哪家银行做事，又告诉我如何将自己推荐给别人而获得一份工作。他甚至提议：‘如果你需要我的话，我可以当你的指导老师。’”

“我的指导老师和我后来有着非常良好的关系。”银行家继续说，“我每周打电话给他，而且每个月至少一起吃顿午餐。他从来没有出面帮我解决问题，不过他使我了解要解决银行的问题有哪些不同的方法，而且有趣的是，我的指导老师还衷心地感谢我，我们的交往使他的思想保持年轻。”

在我们前进的过程中，导师的作用毋庸置疑，那么，我们在与“导师型”的人物相处过程中，应当如何摆正自己的位置呢？首先，主动接近那些关乎你前程的人物是必要。提携后辈是他们的美德而不是他们的义务，这就需要你要用自己的方式去打动他们。

安莉是一家公司新进的员工，她就是利用向上司询问的机会获得了上司的赞赏。

刚进公司没多久，安莉在整理一个展览版的文案时，正好经理进来了，并且在无意中看了一眼电脑里的文档。安莉看见了，马上抓住机会问到：“经理，您看看我写的这个行吗？我是这么想的……”就这样，安莉和经理开始就这个问题展开讨论，使经理了解了她的想法和思路，也看到了她的潜力。

两个月后，安莉就成为了该部门的主管，为她以后的进一步发展奠定了基础。

那些高层次、有分量的人物，大都有自己的工作方式和个性特点，尊重他，适应他、配合他、是后辈们必备的素养。

这类人或取得了令人瞩目的成就，或作出了不可磨灭的贡献。当他们取得丰功伟绩的时候，他们的周围不缺乏赞美声和一张张笑脸，你如果也去这么做，不会引起他们的特别注意，因此，明智的做法，是要虚心请教。你可以恭恭敬敬地掏出笔记本和钢笔，真心诚意地请他指出你应该如何努力；也可以谈论对方值得骄傲的东西，向他取经。这类做法，会引起他们的大大好感，使他认为你对他真心钦佩，并且有着很大发展前途的。

看人要全面，不要因为成见误事

我们通过一个人的外在表现推断他的内心，是为了对相互的交往做参考，应当注意的是，这种推断不是最终的判定，不是百分之百的可靠。

在生活中，有些人常常会有这样的言论：他这个人太滑头；他这么做一定是别有用心的；他迟早要摔跟头，如此等等。他们的说法有严密的理论支持吗？没有。经过事实的检验了吗？也没有。之所以这么说，凭的只是一种直觉。

而只凭直觉有时候也会误事，让我们先来看一个小故事：

一次，一位记者被派到华盛顿工作，约翰逊总统的助手带他参观白宫的椭圆形办公室。当时总统不在，他便恳求在总统的椅子上坐一会儿，当他全身靠在镶皮的座椅上，双手搁在扶手上，看见椅子前面有 4 个按钮——红、蓝、绿、白各一。他心想，这些按钮一定是可以联络国防部、克里姆林宫、英国首相官邸的，甚或可以触发毁灭人类的武器。于是他写了一篇有关这 4 个按钮的紧张刺激的文章在报上发表。事实如何呢？就在他的文章登出的那星期，《时代》杂志发表了一则简讯，报道了这 4 个按钮的用途：白色表示要牛奶；红色表示要咖啡；蓝色表示要汽水；绿色表示要清水。

我们不论看人、看事，都要有一种客观审度的态度。不要以点代面，错过了全面的、彻底地了解人或事物的机会。不被慷慨激昂的大话或低声下气的甜言蜜语所迷惑，而从他一贯的做人原则和做事方法来察识他的心意。同样，不能因为一个人有行为道德上的缺失，就认定他一无是处，说什么话也都是别有用心。

对任何一件事，若是心里先存了成见，就是圣贤也可能犯错误，宋明理学的代表人物朱熹，就曾经错断了一桩案子，冤枉了好人。

朱熹在福建崇安做知县的时候，有个小民来告状：说有一块祖传的坟地，被县里一个大户无端侵占，安葬了自家的先人。朱熹精于风水，知道福建是极重视此事的，常有豪门富室见有好风水吉地，就欺压小民，夺为己用。

公堂之上，两家却各执一词，争执不休。朱熹道："口说无凭，待我亲自去看个明白。"当下就带了一干人犯及随从人等，来到坟头。只见此地山青水秀，龙飞凤舞，果然是一个上佳风水的好地方。朱熹心里想："如此吉地，难怪有人争夺。"暗自掂量，必是小民先人葬着，大户看着好，就起了贪心。

此时，大户先禀道："这是小人家里新造的坟，泥土工程，一应都是新的，怎么说是他家旧坟？相公一看，便自然明白。"小民道："上面新工程是他家的，底下却有老土。这原是我家里的，他强占了起了新坟。"朱熹叫取锄头、铁锹，在坟前挖开来看。挖到松泥将尽之处，"当"的一声响，把个挖泥的人震得手疼。铲去浮泥看去，乃是一块青石头，上面依稀有字，刻的本是小民家里祖先名字。

到这里事情似乎已经真相大白了，朱熹起身回县衙，把坟断归小民，把大户问了个强占田土之罪。小民口称"青天"，拜谢而去。

朱熹断了此事，心想："此等锄强扶弱的事，除了我，谁人肯做？"他深为得意。岂知反落了奸民之计！原来小民诡诈，把朱熹的脾气摸透了。他看那家大户坟地的风水好，于是定下一计，把青石刻了字，偷埋在他家坟前，然后再告此一状。事先做成的圈套当众亮出来，朱熹岂能不信？何况从来只有大户占小民的，哪曾见有小民谋大户的？所以他一挥笔就下了定论。

那大户受冤，心里不服，到上边监司处再递了状子，仍发崇安县审问。朱熹更加恼怒，一发狠，便勒令大户迁出棺柩，把地给小民安葬祖先。如此结果，惹来外面许多知情者的非议，也有风吹到朱熹耳朵内。他反认为这是大户力量大，人们都趋炎附势所致，慨然叹息道："看此世界，直道终不可行！"遂弃官不做，隐居本地武夷山中。

这本是件不折不扣的冤案，在此案中，若说朱熹有意，他并没收受贿赂，偏袒一方；若说他无意，可他心里却先有了一定之规，犯了主观主义的错误。"为富的定然不仁，好色的必然无德"，这种道学，不是人生的实际学问。人不可无正直之心，但是世事是复杂的，在全面地了解一个人或一件事之前，先不要急着下结论。

心怀偏见是人际冲突的常见的原因，如果我们对别人多一些了解，人世间就会多一些宽容与友好。

如果说道听途说的不可靠，我们大家一般不会有什么异议，那么，亲眼所见的就一定不会有偏差吗？若只心浮气躁、走马观花地看一眼，就难免被成见所误，不能客观地评论人或事物。

所以我们与陌生人相处，看人时眼光要敏锐，举一反三，学会从你所看到的外在表现来分析一个人的内心。另一方面，等你得出结论的时候，一定要先在心里沉淀一下，通过其他方面的各种信息来检验它的真伪。

第 10 种能力

有意保持一点神秘感

经营人脉，不是一味地热情主动、体贴人心就可以成功的。在我们周围，总有一些人喜欢膜拜实力派，而对他们看不上眼的人动辄排挤打压，要在这些人心目中保持一定的地位，就不能让他们一缸水看到底。当他们对你的力量和背景有摸不清、看不透的感觉时，反而会对你产生浓厚的兴趣。

面对无礼的挑衅，一接招就是输了

有一次，一只鼬鼠向狮子挑战，要同它决一雌雄。狮子果断地拒绝了。“怎么，”鼬鼠说，“你害怕吗？”

“非常害怕，”狮子说，“如果答应你，你就可以得到曾与狮子比武的殊荣；而我呢，以后所有的动物都会耻笑我竟和鼬鼠打架。”

如果你与一个不是同一重量级的人争执不休，就会浪费自己的很多资源，降低人们对你的期望，并无意中提升了对方的层面。同样的，一个人对琐事的兴趣越大，对大事的兴趣就会越小，而非做不可的事越少，越少遭遇到真正的问题，人们就越关心琐事。

威廉·詹姆斯说过：“智慧的艺术就是懂得该宽容什么的艺术。”不要被不重要的人和事过多打搅，因为成功的秘诀就是抓住目标不放，而不把时间浪费在无谓的事情上。

1980年美国总统大选期间，里根在一次关键的电视辩论中，面对竞选对手卡特对他在当演员时期的生活作风问题发起的蓄意攻击，丝毫没有愤怒的表示，只是微微一笑，诙谐地调侃说：“你又来这一套了。”一时间引得听众哈哈大笑，反而把卡特推入尴尬的境地，从而为自己赢得了更多选民的信赖和支持。

在生活中，相信我们每个人都遇到过无礼的挑剔，许多对你不熟悉、不了解你底细的人，可能会通过一些小事来“揣摩”你，然后从你的反应中寻找攻击你的空门。

遇到这种情况，我们要如何应对呢？

一般来说，激怒人有两种方式：

第一种是在言语上激怒你。譬如讽刺你、嘲笑你、挖苦你，或指桑骂槐、无中生有、含沙射影……

第二种是在工作上激怒你。譬如故意为难你，左一句“难以配合”，右一句“可行性不高”……

如果对方有心激怒你，这些动作都会使得不温不火，甚至姿态摆得很低，你明知他是故意的，却拿他一点办法也没有。唯一的办法只有忍下来，不动声色。他的言语，不要去理会，若要反驳，也要笑着反驳，轻柔地说明；他在工作上的为难，也要平心静气地，一而再、再而三地请求，或央请同事朋友帮忙。他姿态低，你的姿态要更低！

千万不可被他激怒，你一怒，大家都会看着你而不看着他。大家只看到你丧失理性的怒火，而没看到他的卑劣伎俩，于是，本来你是无辜的，怒火一烧，你也变成理亏了！如果你不易控制自己的情绪，怒火可能让你说了很多不该说的话，做了很多不该做的事，也授予别人很多把柄。他分毫未损，而你已遍体鳞伤了。

所以，不管在什么样的情况下，千万别被激怒，有“老僧入定”的心情，那些激怒你的动作自然会消失于无形，而且，以后再也不会有人来激怒你。

真英雄之所以是真英雄，不仅在于他的勇猛或胆识，更在于他的肚量和策略，他不与小人一般见识，不逞一时之气。这不仅反映出他内心所拥有的真正昂扬的志气，而且显示出他的镇定和大度，心中不存争强斗胜傲气逼人的狭隘思想。“老虎吃鸡，不是山中王”，这是一种大将风度。

面对挑衅，针锋相对的做法也许可以打击敌对者，但是同时自己无论从形象上还是从人气上都不免要受到损伤。只有那种从容镇定、不以为意的作风，才是最让人折服的，这种人格魅力，甚至于对立者都是一种吸引。我们经营人脉，这一点一定要引起注意。

言多必失，适当保持沉默

语言是我们表达自己的最重要的方式，可是如果有人整天喋喋不休的，别人就会厌烦。所以，我们在掌握表达技巧的同时，还要学会在适当的时候保持沉默，做到此时无声胜有声。

人的一生，应是极力显示自身价值的过程，应该以自己的方式去生活，如果把自己变成别人的赝品，又如何去创造生活、迎接挑战呢？在现实生活中，沉默才能给人以意想不到的力量。

沉默是一种品格，沉默也是一种境界。生活总是无端地冒出许多烦恼，喧嚣的世界又总是扰得人不得安宁，所以，我们学会适当的保持沉默，也就找到了摆脱烦恼的最好方法。许多时候，一个人的沉默比大声吵闹更能表达自己的思想，沉默更具有摄人心魄的力量。喜欢沉默的人，并不都是讷于言谈，而整日喋喋不休的人，则多是缺乏自信和主见的表现。

在人生绝大部分领域内，说的越少，就显得越神秘，就越能掩藏自己的真实意图，越能控制别人。当一个人能够适时地闭上嘴巴时，他就会获得更多成功的机会。

有一位不速之客突然闯入美国大富豪洛克菲勒的办公室，直奔他的写字台，并以拳头猛击台面，大发雷霆："洛克菲勒，我恨你！我有绝对的理由恨你！"接着那暴客恣意谩骂他达10分钟之久。办公室所有职员都感到无比气愤，以为洛克菲勒一定会抄起墨水瓶向他掷去，或是吩咐保安员将他赶出去。然而，出乎意料的是，洛克菲勒并没有这样做。他停下手中的活，用和善的神气注视着这一位攻击者，那人越暴躁，他便显得越和善！

那无理之徒被弄得莫名其妙，他渐渐的平息下来。因为一个人发怒时，遭不到反击，他是坚持不了多久的。于是，他咽了一口气。他是做好了来此与洛克菲勒作斗争的，并想好了洛克菲勒将要怎样回击他，他再用想好的话语去反驳，但是，洛克菲勒就是不开口，所以他不知如何是好了。

末了，他又在洛克菲勒的桌子上敲了几下，仍然得不到回应，只得索然无味地离去。洛克菲勒呢？他就像根本没发生过任何事一样，重新拿起笔，继续他的工作。

不理睬他人对自己的无礼攻击，便是给他最严厉的迎头痛击！成功者每战必胜的原因，就是当对手急不可耐时，他们依然故我，显得相当冷静与沉着。

有许多人在遇到麻烦的时候，常常唠叨不止，因此暴露了自己的弱点。处在这种尴尬的情况下，与其聒噪不停，甚至说错话，倒不如保持沉默。

不同的沉默方式，如果运用恰当，会收到不同的效果。

1. 转变话题的沉默能使人乐而忘求？

对要回答的问题保持沉默，而选准时机谈大家关心的热门话题，往往是转变话题的最高明手法。

2. 沉默能使人反省。

当有人对自己分内的事儿要推脱报怨的时候，你越好言相劝，他会越以为自己受了不公正待遇。保持沉默，会让他在冷静中反省自己，学会尽职尽责。

3. 沉默能使人不攻自破。

对犯了错误的人，沉默是一种有效的冷处理，比喋喋不休的谴责更有力度。

4. 平平淡淡的沉默能使人深思。

有些人态度积极，但发表意见时不免有些偏颇。直截了当地驳回，又易挫伤其积极性；循循善诱时，又费时间和精力，最好的办法便是平平淡淡地保持沉默。

几个人一起谈话时，你说他听，他说你听，相互交流，相互沟通时，虽不应该唱独角戏，但也不是你要应答所有人的话，应该懂得适时保持沉默。

适时保持沉默，是一种智慧的表现。在实际生活之中，如果能够灵活运用，将对我们的生活和事业起到不少的帮助。

以君子之心待小人，你周围的“君子”才会多

所谓小人，是指人品差、气量小、不择手段、损人利己之恶徒。在待人处世中，谁都不愿意与这种人打交道，可不管你愿意还是不愿意，都不可避免地会碰到这种人。小人的眼睛牢牢地盯着周围大大小小的利益，随时准备多捞一把，为此甚至不惜一切代价准备用各种手段来算计别人，令人防不胜防，说不定什么时候就会在背后捅你一刀。

唐朝的杨炎和卢杞两人同任宰相。杨炎善于理财，文才也好。而卢杞除了巧言善辩之外，别无所长。他嫉贤妒能，使坏主意害人是他的拿手好戏。同在政事堂做事，杨炎不愿同卢杞同桌吃饭，经常找借口在别处单独吃饭。有人趁机对卢杞挑拨说：“杨大人看不起你，不愿跟你在一起吃饭。”卢杞自然怀恨在心，他千方百计地想陷害杨炎。

当时，有一个藩镇割据势力梁崇义发动叛乱，德宗皇帝命令另一名藩镇李希烈去讨伐。杨炎觉得不妥，说：“李希烈这个人，杀害了对他十分信任的养父而夺其职位，为人凶狠无情，没有功劳却傲视朝廷，不守法度，若是在平定梁崇义时立了功，以后更难以控制了。”

德宗已经下定了决心，对杨炎说：“这件事你就不要管了！”杨炎却一再表示反对，这使对他早就不满的皇帝更加生气。

不巧赶上天下大雨，李希烈一直没有出兵。卢杞知道这是扳倒杨炎的好时机，便对德宗皇帝说：“李希烈之所以拖延着不肯出兵，正是因为听说杨炎反对他的缘故，陛下何必为了保全杨炎的面子而影响平定叛军的大事呢？不如暂时免去杨炎宰相的职位，让李希烈放心，等到叛军平定以后，重新起用，也没有什么大关系！”

这番话看上去完全是在为朝廷考虑，也没有一句伤害杨炎的话，卢杞排挤人的手段就是这么高明！德宗皇帝果然信以为真，免去了杨炎宰相的职务。

从此卢杞独掌大权，杨炎自然就在他的掌握之中。他当然不会让杨炎东山再起，故意找茬儿整治杨炎。杨炎在长安曲江池边为祖先建了座祠庙，卢杞便诬奏说："那块地方有帝王之气，早在玄宗时，宰相萧嵩曾在那里建立过家庙，玄宗皇帝不同意，令他迁走。现在杨炎又在那里建家庙，必定怀有篡位的野心！"

听信谗言早就想除掉杨炎的德宗皇帝便以卢杞这番话为借口，先将杨炎贬至崖州，随即将他杀死。

杨炎刚愎自用，把对卢杞的蔑视表现在明处，最终被卢杞所害。

有话这么说："处小人，在不远不近之间。"过分地接近小人，对自己而言是一种负担；冷落了他，又会招致嫉恨，不知其心怀鬼胎，所以，保持适当的距离才是上策。

更为高明的手段，是在各种各样的人面前，都表现得一片拙诚，以"迟钝"和"诚意"化解他们的邪恶倾向。

清末曾国藩处世，深谙龙蛇屈伸之道，他说："处兹大乱未平之际，惟当藏身匿迹，不可稍露圭角于外，至要至要。"他说：大家在一起交往，如果一个人老是自以为是，以自己为中心，处处争强逞能，不给别人以表现和施展的机会，那么别人很快就会对他产生反感，将来一起合作共事的结果就可想而知了。他经常探讨《周易》，他对其中的"吉人之辞寡，躁人之辞多"深有同感。这句话的意思是说，思想修养好的人，语言简洁，不乱发议论；而性情浮躁的人，滔滔不绝，却言之无物。

因此，曾国藩不仅自己常常检点自己的言行是否是表现欲太强，而且对其僚属有这一倾向的人也及时教诲。

曾国藩第二次做两江总督时，李鸿畜来到他的幕府中。李鸿畜少年倜傥，不拘小节，曾国藩特别钟爱他，对他像儿子一样看待。曾国藩的密室，只有李鸿畜可以随便出入。当时曾国藩的幕僚，都是名极一时的宋学大家。曾国藩惊叹他们的名声，都把他们招纳了进来。然后只是挨个儿安排他们的衣食住行等，并不给他们以事情做和职位。一天，曾国藩正在和李鸿畜在室中谈话，正巧有客人来到。曾国藩出去迎见客人，留下李鸿畜自己在室中，李鸿畜翻看茶桌上的文本，看到《不动心说》一首诗，是某一位老儒所写的。这老儒，即是所说的十个圣贤中的一个。诗文后边写有这样一段："使置吾于妙曼娥眉之侧，问吾动好色之心否乎?曰不动。又使置吾于红蓝大顶之旁，问吾动高爵厚禄之心否乎?曰不动。"李鸿裔看到这里，拿起笔在上面戏题道："妙曼娥眉侧，红蓝大顶旁，尔心都不动，只想见中堂。"写完，扔下笔就出去了。曾国藩送走了客人，回到书房，看到了所题的文字，叹声说："一定是这个小子干的。"就让左右招呼李鸿裔，这时李鸿裔已经不在衙署中，很可能是又去秦淮河上游玩去了。曾国藩令人拿着令箭到处去找，想一定能找到，果然在某歌姬的船中找到了他，带了回来。曾国藩指着他所写的问道："是你干的吧？"李鸿裔答："是。"曾国藩说："这些人都是些欺世盗名之流，言行肯定如一，我也是知道的。然而他们所以能够获得丰厚的资本，正是靠的这个虚名。现在你一定要揭露它，使他失去了衣食的来源，那他对你的仇恨，岂是平常言语之间的仇怨可比的，杀身灭族的大祸，隐伏在这里边了。"李鸿裔很敬畏地接受了教诲，从这以后便深深地收敛自己，不再敢大言放肆了。

人才是人之精华，因此，人才是难得的，尤其是在白手起家而社会关系不足的条件下更是如此。对人才的吸引力，主要表现为待人以诚。这个"诚"字体现在很多方面，对自己孜孜以求的人才保持耐心，始终不温不火，恭敬有礼，相信总有一天会攻克对方心中的壁垒。

保持适当的神秘感，不要让人一眼看穿

法国前总统戴高乐就说过，真正的领袖人物要幽居、超脱，要神秘，有时则要沉默寡言，他本人也正是这样做的。戴高乐和普京的政治智慧颇为符合人的心理特点：对感到神秘的事物，人们总是怀着兴奋的、变幻不定的、充满新意的感觉；人们的想像活跃起来，对富于吸引力的个性进行积极的想象；这些个性的最细微的言行都会得到人们热情的注意，并对人们产生影响。

神秘感的影响，在生活中无处不在，人们常说"远来的和尚会念经"，就是

由于不知道他的来龙去脉，才会对他产生兴趣。如果是本地的和尚，人们都知道他出生在哪个村儿，是谁家的儿子，说不定还经常有人看到他和一个普通人一样买米买菜，这样，无论他的佛法修行如何，都不会有多大的吸引力。

频繁的现身虽然会吸引来众人的注目，因为你比周围的人更为灿烂耀眼。但是过度的现身反而会造成反效果：你越经常露面、讲话，你的人气就会越低。一旦你成为习以为常的人物，无论多么努力要与众不同，人们只会对你越来越不尊重。

1558年，英国女王伊丽莎白一世登基，很多人想为她找个丈夫，许多年轻又有身份的伯爵都展开竞逐，期冀得到女王的青睐。她不阻止，也不拒绝，她十分平静，每个前来求婚的人似乎都能从她的眼神中看到她喜欢自己，但是谁也把握不准她到底喜欢哪一个。

伊丽莎白不发表意见的态度，让她成为一颗遥远的星星，成了所有人崇拜的对象，成了人们心中女神的化身。她每天都生活在他人的赞美之词下，人们称她为“世界女王”、“贞洁处女”，甚至认为她能够决定天上星星的运行轨道。有一些胆大妄为之徒想尽办法来诱惑她，但是，他们不会从她身上得到任何好处，她一直提着他们的兴趣，让他们围绕在她的周围听她调遣。

西班牙的领地法兰德斯和荷兰低地的叛乱是伊丽莎白时代最重大的外交议题。是否继续与西班牙保持联盟的关系，是否选择法国成为其在欧洲大陆的主要盟友，一直困扰着英国的外交政治家。后来，英国决定与法国结盟。法国国王的兄弟安茄和阿连肯公爵被社会舆论认为其中之一会娶伊丽莎白。伊丽莎白让他们每个人都抱着殷切的希望，但是，还是没有任何实质上的举动。

在以后的几年中，安茄公爵在公开场合亲吻伊丽莎白，甚至称呼她的昵称，但是，伊丽莎白一直在这两兄弟之间周旋。又过了几年，英法两国签订了和平条约，此时，伊丽莎白很礼貌地甩掉了他们两个。

伊丽莎白一直保持独身，她在位期间，英国从来没有发生过战争，社会经济和文化艺术都得到了很大的发展。

身为英国统治者，伊丽莎白用自己的方法将避免婚姻和避免战争合而为一，她依靠不确定的婚姻寻求结盟。投身于一方，必然会损害另一方。她必须让每个人都对她抱有希望，才能在你来我往的竞争中取得胜利。

伊丽莎白很好地掌握了进退规则，她不但控制了权力，而且控制了身边的每一个男人。所有的成功均来自于她保持独立的立场，在权力的竞争游戏中，她成了所有人崇拜的偶像。

人往高处走，人类固有的虚荣心使得人们普遍具有爱慕高不可攀的人或物，追逐从众的心理。“物以稀为贵”的观念更容易让人们相互争抢，于是越是好的，就有越多人抢，越多人抢的就越是好的，这种不成逻辑的逻辑左右了大多数人的行为。即使在平凡的生活中，这一条原则依然适用，比如，你闯进当地一家报馆总编办公室里，对总编说：“总编，我有一条头条新闻，保证你的报纸明天大放异彩。”总编也许会半信半疑地问一声：“你跟别人讨论过了吗？”你回答：“是的，我去过几家报馆，但他们都对这个不感兴趣……”我想，这位主编多半也不会对你的头条新闻感兴趣了。但是，倘若你在回答主编的话时这样说：“是的，我跟别的几家报馆主编都讨论过了，他们都挺有兴趣，想听听我的进一步介绍，但问题是……”这时主编的反应绝不会像刚才那么傲慢了，他也许会“腾”地站起来，抓住你的手让你讲个清楚。

对于每一个正在社会上辛苦打拼的人，都需要一种看不见的力量作为自己的支撑点，当人们摸不清你的心思，掌握不了你的动向时，你的身价就增加了一颗极有分量的砝码，同时也就会把更多的人吸引到你的身边。

学会保守秘密，别让人轻易把握你的动向

普通人有一个共同的毛病：心里搁不住事情，有一点点喜怒哀乐之事，就总想找个人谈谈；更有甚者，不分时间、对象、场合，见什么人都把心事往外掏。

有这样一个实验，有人在办公室里故意告诉身边一个人一条无关紧要的花边新闻，结果很快，这个新闻就通过别人传开了。

所以，你不要期望别人为你保守秘密，假如你果真有什么秘密的话，请把它保存在自己的心里。尤其应该警惕的是，如果你在事业上有什么想法或者野心，在它成为人所共知的事实之前，绝不适于与任何人分享。

李达是一家电脑公司的技术人员，跟老板相处得就像哥们儿似的。一天下午，李达加班加得很晚，老板请他吃晚饭。几杯酒下肚，李达头脑一热，说他也想开一家电脑公司。

老板一愣，但很快恢复了正常表情，并鼓励李达说："年轻人就应该有闯劲儿，我支持你。"李达说："我现在的技术还说得过去，但对销售还是一知半解。"老板说："一边工作一边学习嘛。凭你的能力，再干上两年就能独当一面了。"李达说："你放心，两年之内我是不会走的。"

一周后，公司又招聘了一名技术人员，李达也接到了解聘通知。李达一脸茫然，找老板询问。老板一本正经地说："在我的公司里，你已经没有什么需要学习的了。你应该多走几家公司，多积累点经验。我是从你的自身发展考虑才忍痛割爱的。"

李达蓦然省悟自己为什么被炒鱿鱼了，都是因为自己跟老板交心，才让老板抓住如此"富有人情味"的把柄！

不管关系多么亲密，老板永远是你的老板，他是"资"方，你是"劳"方，你们很难有共同的利益和共同的语言。人在江湖，应该把底牌牢牢地抓在自己手里，和各方面的力量能远也能近，这样就更容易赢得权力并加强自身的影响力。关注你的人越多，你的价值提升得就越快，影响力也就越大。放在桌子上的筹码增加了，想要的东西就越容易得到。

1968年，美国总统大选期间，基辛格给尼克松的竞选团队打了一个电话，明确表示他可以向尼克松阵营提供宝贵的内部情报，尼克松团队高兴地采纳了他的提议。在这次竞争中洛克菲勒也是竞选人之一，但是他失败了，而基辛格一直以来都是洛克菲勒的盟友。

与此同时，基辛格也向民主党的提名人韩福瑞表示了他的这种意愿，韩福瑞要求他提供尼克松那边的内部消息，基辛格就把尼克松的一切全盘托出了。

其实他真正想要的就是内阁的位子，而尼克松和韩福瑞都答应给他这个位子，不管谁赢了大选，基辛格都将从中获利。

最后，胜利者是尼克松，基辛格顺利地当上了内阁总理，但他仍然小心翼翼地与尼克松保持一定的距离。当福特上台时，原来与尼克松非常亲密的人都被迫下台了，而基辛格又成为福特的官员。因为与尼克松保持了适当的距离，他很幸运地得以留任，继续在动荡的年代里叱咤风云。

人们往往尊重那些保留自己独立立场的人，因为这种人让别人无法掌握。而心事的倾吐会泄露一个人的脆弱面，这脆弱面会让人改变对你的印象，虽然有的人欣赏你“人性”的一面，但有的人却会因此而下意识地看不起你，最糟糕的是脆弱面被别人掌握住，会形成他日争斗时你的致命伤，这一点不一定会发生，但你必须预防。

任何人，若能在保守秘密这个问题上处理得当，就不会因泄露秘密而把事情搞得复杂化，或者使自己陷入身败名裂的境地，从而保持着良好的个人形象，成就一番事业。

然而，闭紧心扉，心事“滴水不漏”也不是好事，因为这样你就成为一个城府深、“心机”重、不可捉摸的人了。如果你本就是这样的人，就没有太大关系，如果不是，给了别人这种印象是划不来的。

所以，真正有“心机”的人应该这样做：偶尔也要说说无关紧要的“心事”给你周围的人听，以降低他们对你的揣测与戒心。

用活“模糊语言”，让自己立于不败之地

模糊语言是日常生活中随机应变的一种重要方法，常用于一些不必要、不可能或者无法把话说得太实、太死的情况。这时，需要求助一些在语意表达上具有“弹性”的模糊语言来应对。

有一艘满载游客的豪华客轮，在即将到达旅游景区的时候，突然慢慢地停了下来，原来是意外发生了，客轮出了问题。见客轮迟迟不能起航，急于到

达旅游区的游客心情开始浮躁起来，围着带队的导游，追问客轮何时能够起航，何时能够顺利地到达。有的则进行责问，更有甚者开始叫嚷起来，情绪激动。这时候，带队的导游则镇定自若，面带微笑，不停地向大家打招呼："请大家别急，客轮只是出了点小问题。不费事的，技术员们正在做检查，一会儿就好。客轮马上就可以起航，马上就可以起航！为了大家的人身安全，请大家再耐心等待一会儿，再耐心等待一会儿！"她不断地进行重复，游客们的心情终于慢慢平静下来。

在这里，带队的导游针对游客既急于到达旅游区又要一路平安的心理，面对大家的盘问与责备，也没有给出确切的答复，却用一连串的"一会儿"、"马上"等并没有确指的词语给予承诺，然而正是这一模糊语言的运用，使游客们中途平静地滞留了近一个小时。试想，如果带队的导游在没有把握下，给出明确的时间答复，或者说时间短一些，如"20 分钟之后，就可起航"，如果 20 分钟之后，客轮仍然不能起航，就把自己推向矛盾的境地，到时再作解释，游客们也不能相信，到那时，怨声再起，就难以平复了。或者说时间长一些，也只会增加游客们的怨气，于事无补。当然，更不能面对游客的盘问，不给任何的解释。

凡事没有必然，说话没有定法。任何事情的发展变化都得有一个过程，有的还需要一个相当长的演变过程。当事情处于发展变化的初期，实质性的问题尚未表露出来，这时就需要我们冷静地等待、观察、了解研究，切不可贸然行事、信口开河地去下结论。如果事情发展的方向最终对头了，可能皆大欢喜、相安无事；但若事与愿违，让别人抓住话柄，就会影响自己的前途和声誉。

李□是唐朝初年的大将。唐高宗李治即位后，李□任司空，为人机巧，行事谨慎。

高宗李治想立太子，由于王皇后没有儿子，作为嫔妃的武则天却有，高宗便就皇后的废立之事向大臣们征求意见。

尚书右仆射褚遂良提议说："王皇后是世家之女，是先帝为陛下娶的，先帝临终前拉住陛下的手对大臣们说：'我的好儿子好媳妇，现在托付给你们了。'臣听到过这话，至今如在耳畔，没有听说王皇后有什么过错，怎么能轻易将她废除了呢？陛下如果一定要变更皇后，恳请好好选择天下的望族，何必要选武氏呢？武氏曾经跟随过先帝。这是众所周知的，天下众人的耳目，怎么能遮挡得住呢？”

韩瑗、来济也上书李治，力主不选武则天，但高宗听不进去。

后来，高宗问李□的看法，李□生性乖巧，心想这个关键时刻超越自己本分发表意见，可能招来杀身之祸，废立皇后成功与否，都与性命有关。同意废除王皇后，要是不成功，就将得罪王皇后；不同意废除王皇后，如果武则天被选中，无疑是自投罗网。

李□左思右想，含糊其辞地对高宗说：“这是陛下的家事，有什么必要问外人呢？”

高宗听了这话便下定决心，将褚遂良降职为潭州都督，马上废除王皇后，下令将武则天立为皇后。

武则天当上皇后之后，任用大臣许敬宗排斥打击不同意拥立她为皇后的大臣，长孙无忌、褚遂良、韩瑗等一批人，或者被贬逐，或者被诛杀，而李□因为应付巧妙，避免了祸及自身，并且受到重用，负责审理长孙无忌等人的案子。

有些问题一时尚不明朗，需进一步了解事实真相，或看看事态的发展及周围形势的变化，再拿主张不迟。话不说死，能给自己留下一个仔细考虑、慎重决策的余地。否则，君子一言，驷马难追，不仅影响自己的威信和声誉，也对事业对人际关系造成不应有的损失。

在日常生活中，恰当地使用模糊语言，能使自己有一定的灵活性。比如对于突发事件，在尚未弄清来龙去脉、又不得不立即作出反应时，也需要这种伸缩性很大的模糊语言。也有人称之为“外交字眼”。如：“我们注意到某某事态的发展。”“我们注意到了贵国领导人的讲话。”“注意到了”只表示“知道了”，但并未点明自己的观点，使自己拥有主动权。

对本来已经清楚的事实或想法，出于某种策略的考虑，故意使用含义广泛的模糊语言，可以使你的话具有某种弹性，能收到良好的效果。

如有的企业主管为了纠正某种不良倾向，又不至于使矛盾激化，便使用模糊语言：“最近一个时期，我们员工的纪律状况总体是好的，绝大多数员工比较自觉，但也有极个别员工表现较差……”这里，使用了一系列的模糊语言，如“最近”、“绝大多数”、“极个别”等。

这是一种批评的艺术，它从保护有缺点的员工的自尊心出发，既照顾了面子，又提出了问题。

模糊语言是日常生活中随机应变的一种重要方法，常用于一些不必要、不可能或者无法把话说得太实、太死的情况，这时，需要求助于语意表达上具有“弹性”的模糊语言来应对。当然，并不是说在任何情况下说话都要“模糊表态”，那样会给人一种圆滑的印象，只是在你不确定时，不要满口大话。

控制好情绪，掌握主动权

生活中，生气是一种比较常见的情绪，生活中难免会出现一些让人激动、愤怒、悲伤的事情。我们把它们直接宣泄出来，固然可以如释重负，身心俱轻，但最后的结果常常是无关仅要的一点小事，却弄得非常糟糕。

古人有“怒伤肝”的说法，生气对身有百害无一益，不但于事无补，反而损伤了自己的形象。当人感觉受到伤害时，愤怒是出于本能的一种反应。人有理性，有思维，人的行动不仅受情感的支配，而且要受理性的控制，要想维护自己的正当利益，仅采取愤怒一种方式是不能解决问题的。人被石头绊倒，通常不会对石头发脾气，把那些伤害或触犯自己的人当做“石头”，那么你就会心平气和。

晚清一代名臣曾国藩刚考中进士之时，和许多荣登金榜的士子们一样，也踌躇满志，得意非凡。可是一旦为官之后，由于治国平天下的志气一时无法伸展，也由于初入仕途缺乏为官经验，更由于耐不住翰林的清苦和孤寂，这时的曾国藩脾气极其暴躁，动辄申斥仆人。他的弟弟曾国荃被接到京城随他学习，也因无法忍受他的脾气愤而归乡。

后来，曾国藩开始认真检讨自己的言行，他认为：“凡人皆有切身之病，刚恶柔恶，各有所偏，溺焉既深，动辄发见，须自己体察所溺之病，终身在此处克治。"既然自己的偏失在于动辄必狠，不懂得以柔克刚的道理，所以首先要心静，遇事多思考，怒气也就会渐渐平息下来了。

一个人最怕感情用事。让怒火烧掉了机智和应变之心，做事就会错误百出，敌人便可从中获利。同时，也必将导致别人对自己的印象大打折扣，从而失去人们的信任。只有克制自己才能战胜敌人，如果能喜怒不形于色，那么就可以面对所有强敌了。

失控是许多不善做人的人最典型的性格。例如，往往因为旁人的一句话，便耿耿于怀，动辄勃然大怒，时而血管崩涨，血液充满脑部，根本无法自我控制。等到情绪过后，才来懊悔当初，这是一般人的通病。

克制也是一种生存之道。俗语说"和气能生财"、"忍一忍百气消"，正是此理。当面对别人的误解、谣言甚至是恶意的中伤时，如果暴跳如雷，那就正中他人下怀，不仅解决不了问题，还会有"此地无银三百两"之嫌，至少也会背上个"没有修养、缺乏风度"的恶名。不善于克制，会使误会加深，造成人际关系紧张，举步维艰。学会克制则能避免冤冤相报，能使大事化小，小事化无。克制使阴谋破产，使误解冰消雪融。

戈尔巴乔夫就任前苏联总书记时才 54 岁，这是很少见的特例，因为当时的领导人是由平均年龄 70 岁的老人所把持。全世界的人都很关注他的施政，想看看这个年轻的国家领导人，会把前苏联带往什么方向。

在戈尔巴乔夫召开的记者招待会中，来自各国的记者纷纷举手抢着发问。

一位美国记者问他："戈尔巴乔夫先生，我们都知道你是有激进思想的领导人。可是，当你要决定内阁名单时，是不是会先和上头的重量级人物商量？"

戈尔巴乔夫一听，故意板起脸来回答："喂！请你注意，在这种场合，请不要提起我的内人。"

大家一听哄堂大笑。接着，不等美国记者再发言，戈尔巴乔夫就马上指着另一名记者说："好，下一个。"避开了尖锐的问题。

一个没有良好的心理素质的人是很难办成大事的，办事高手儿一般都能控制自己的情绪，使之适应不同关系对象、关系环境，处险而不惊，遇变而不怒；如果你不能及时控制调整自己的情绪以适应办事的需要，那么你在今天这样复杂的群体中就没法结交关系，也就没法办成事。

培根曾经说过："炫耀于外表的才干徒然令人赞美，而深藏不露的才干则能带来幸运，这需要一种难以言传的自制和自信。"冷静应对一切突如其来的危机，是一种处变不惊的风度。只有冷静，才能在气势上给对方造成震慑的力量，也为自己赢得应急的机会。有些人一旦碰到不利于自己的形势，就惊慌失措，乱了阵脚，一开始就增添了别人的疑云，这是不明智的。所以，在平时我们应该着力培养笑对风云变幻的心态，以便在风雨突然来临时能处之泰然。

第 11 种能力

言行以自己的身份地位为出发点

对于自己的顶头上司，还有那些地位尊贵的人或者对你的业绩有直接关系的大客户，我们都应当把他们当成“陌生人”看待。在交往中，绝不能像对待家人朋友那么放松和随便。言谈真诚自然而讲究分寸，态度热情而符合自己的角色定位，只有这样，才可能得到他们的欣赏和信任。

热情不宜太过火，过火了反而会被人看轻

初次见面的人之间往往都会有设防心理。因为对于你，对方一无所知，所以他们会小心谨慎，此时你不能为了消除对方的顾虑，获得对方的好感而谈及一些只适合与好朋友谈论的话题，比如，家庭啊、个人情感啊。说话要把握好尺度，掌握好分寸，考虑这个话该不该说。过多地涉及个人私事会让对方觉得你很轻浮。

一次，王伟应邀去见一位客户，为了能给客户留下一个深刻的印象，他表现得相当热情。一开口就称兄道弟，不急着谈业务，反而闲聊家常，从自己做过的工作到自己的感情史，甚至最近有什么烦心事都说。王伟本来是想通过透露自己的一点私事拉近彼此的关系，没想到却弄巧成拙。

王伟的举动一下子让客户觉得很难适应，因为以前彼此素不相识，刚见面就弄得像多年的老友似的，让人觉得特别不真实，而且面对他那些家常事，客户也不知道该如何回应，只是傻笑，弄得气氛很是尴尬。

过度的自我暴露给人一种强势靠近的压力，容易失去应有的人际距离。弄巧成拙的原因就在于忽略了一个“度”的问题。

这种人际距离同样适用于你的上司，每个当领导的人，对自己的权威都是非常看重的，对于下属，他们在潜意识里都希望保留一段“陌生”的距离，以便充分维护自己的严正的形象。

你可以与你的老板交朋友，但是在工作中，你与老板的角色是不同的，不能以为自己是老板的朋友就可以在单位或公司里也称兄道弟起来，这样的话老板还怎么工作？他怎么去安排他人工作？他怎么处理好大家的关系？他又如何区分工作人事上的是与非？

如果你的老板非常器重你，经常带你出席各种社交场合，那么，你千万不要得寸进尺，保持适度的距离对你是有好处的。也许你发现你可能正在成为

老板的朋友甚至是哥们，但是你应该把握好尺度。

任何一位领导在对待下级问题上，都希望和下级保持良好关系，希望下级对他尊重、服从、喜欢。所以，当他愿意和部下建立朋友关系、同事关系的同时，在愿意进行情感沟通的同时，总是不希望用朋友关系超越或取代上下级关系。也就是说，他必须保持自己一定的尊严和威信。

每个公司所缺少的，都是能独当一面，为公司带来效益的优秀员工。那些没有能力、没有个性，只能扮演“保姆”角色的人，如果要以攀附作为自己升迁的积累，无异于犯了方向性的错误。

每个在社会上混的人包括你的老板，都希望交到能与自己互补互利、携手共进的朋友，无偿的服务并不能换取他们的友谊。即便面对的是老板，你也不可能以服务员的形象获得职业上的报偿。生活中，我们学会碰到一些以讨好老板为职业的人，他们总是要无限制地去为老板的日常生活服务。比如不断地为老板端茶倒水，替老板清理办公桌，等等。更为甚者，他经常在双休日到老板家中看有无家务事可以帮忙。在很多时候，他更像一个跟班。他满怀希望地等待着某一天老板突然对他说：“你是个好人，你可愿做一名管理者？”可是，这一天始终没有到来。在老板心中，他的形象不知不觉地被定位为保姆，这样的人，适合永远做个无关紧要的下属。

那些已经坐在一定位置上的人，大都是经历过些风雨的，他们又岂会为自己一时的好恶来影响长久的事业。

武则天有个姘夫叫薛怀义，他原名冯小宝，是洛阳街头的一个卖药小贩，只因阳具壮伟，被武则天视同宝贝，宠幸异常，让他扮作和尚，随便出入后宫。他小人得势，骄纵不法，在朝廷大臣面前居然也趾高气扬。

有一次，他从朝堂经过，依然是大模大样，昂首阔步，对迎面相遇的左丞相苏良嗣视而不见。苏良嗣大怒，命令左右随从将薛怀义紧紧拽住，他挥起手臂，照着薛怀义的面颊，来了个左右开弓，连抽了数十个耳光。

薛怀义连忙哭哭啼啼去找武则天诉苦，对待大臣一向严苛的武则天这一次竟然没有发怒，只是对薛怀义说：“你以后从北门出入就是了，南门是宰相上朝所经之地，你就别冒犯了！”

男宠们狗仗人势，不免作威作福，大臣们地位尊贵，自然不买账，真让武则天左右为难，偏袒情夫吧，必然遭到大臣的非议；支持大臣吧，又会委屈了情夫。但是她最终的选择，却是朝廷大计为重。

武则天作为一国之尊尚且有各种顾忌，在我们的生活中，想让上司因为某种私交而偏袒你，可能只是一种靠不住的愿望而已。

如果老板发现他的工作越来越难做，而最终他发现是你破坏了他必要的威严时，那么，等待你的将是被老板疏远。

当然，你能够同老板交上朋友，说明你与老板的距离很近，但是，这种朋友关系的最佳状态，是业务上的朋友和工作上的挚友。如果你能推动老板在公司中的地位，你就是他最好的朋友；否则你就是个制造是非的人。

处理好与老板的距离，是必要的处世学问，而距离就在淡与浓之间，就看你如何去掌握了。

别唱独角戏，让大家都有表现的机会

一个人有才能，非常难得。但是，有才之人必须自爱，然后人才爱之。有些人往往认为有才就值得骄傲，常常自我感觉良好，趾高气扬，目无上司和同事。他们蔑视同事，对领导的决策不是善意地提出意见和建议，而是不分场合地加以评论，横挑鼻子竖挑眼，以显示自己的高明。殊不知，世界上有才而又谦虚的人多得很，而且根本没有离了谁地球就不转的事。所以，这种恃才傲物的人必然是处处碰壁。

三国时候，祢衡很有文才，在社会上很有名气，但是，他恃才傲物，把任何人都不放在眼里，他容不得别人，别人自然也容不得他。所以，他“以傲杀身”，被黄祖杀了。

祢衡所处的时代，各类人才是很多的，但他目中无人，经常说除了孔融和杨修，“余子碌碌，莫足数也”。即使是对孔融和杨修，他也并不很尊重他们。祢衡 29 岁的时候，孔融已经 40 岁了，他都常常称他们为“大儿孙文举，小儿杨德祖”。

经过孔融的推荐，曹操见了祢衡。见礼之后，曹操并没有立即让祢衡坐下。祢衡仰天长叹：“天地这么大，怎么就没有一个人！”

曹操说：“我手下有几十个人，都是当今的英雄，怎么说没人？”

祢衡说：“请讲。”

曹操说：“荀彧、荀攸、郭嘉、程昱机深智远，就是汉高祖时候的萧何、陈平也比不了；张辽、许褚、李典、乐进勇猛无敌，就是古代猛将岑彭、马武也赶不上，还有从事吕虔、满宠，先锋于禁、徐晃；又有夏侯淳这样的奇才，曹子孝这样的人间福将。怎么说没人？”

祢衡笑着说：“您错了！这些人我都认识，荀彧可以让他去吊丧问疾，荀攸可以让他去看守坟墓，郭嘉可以让他读词念赋，程昱可以让他去关门闭户，张辽可以让他击鼓鸣金，许褚可以让他牧羊放马，李典可以让他传送书信，乐进可以让他朗读诏书，吕虔可以让他磨刀铸剑，满宠可以让他喝酒吃糟，于禁可以让他背土垒墙，徐晃可以让他屠猪杀狗，夏侯淳称为‘完体将军’，曹子孝叫做‘要钱太守’。其余的都是衣架、饭囊、酒桶、肉袋罢了！”

曹操当然很生气，但考虑后还是忍住了，他认为：“我要杀这样一个狂徒还不容易？不过，他在外总算有一点名气。我把他送给刘表，看看结果又会怎么样吧。”就这样，曹操没有动祢衡一根毫毛，让人把他送到刘表那儿去了。

到了荆州，刘表对祢衡不但很客气，而且“文章言议，非衡不定”。但是，祢衡骄傲之习不改，多次奚落、怠慢刘表。刘表又出于和曹操一样的动机，把他送给了江夏太守黄祖。

到了江夏，黄祖也能“礼贤下士”，待祢衡很好。祢衡常常帮助黄祖起草文稿。有一次，黄祖曾经握住他的手说：“大名士，大手笔！你真能体察我的心意，把我心里要想说的话全写出来啦！”

但是，后来在一条船上，祢衡又当众辱骂黄祖，说黄祖“就像庙宇里的神灵，尽管受大家的祭祀，可是一点儿也不灵验”。令黄祖下不了台，恼怒之下，把祢衡杀了。

有些人天生骨子里就散发着一股清高劲，凡事有自己的一套行为标准，有自己的做人原则，一旦别人的举动不在自己的标准和原则之内，就开始疏远、鄙视他人。

所谓“木秀于林,风必摧之”。从心理学的角度来看,任何的群体都有维持群体一致性的特点。对于同群体保持一致的成员,群体的反应是喜欢、接受和优待,而对于偏离者,群体则会厌恶、拒绝和制裁,因此,任何对于群体的偏离都有很大的冒险性。

小马与小赵同时进了这家公司。小马是专科生,小赵是研究生。两个人同时被老板安排到车间从技术员做起。两个人对待本职工作都兢兢业业、任劳任怨,工作干得都很出色。

不同的是,小马对人总是很随和,同事们在工作中有什么事请教他或有什么事求他帮忙,只要他有空闲,他都尽力而为,很快他获得了同事们的好感,和同事们相处和谐。而小赵则个性孤傲,总觉得自己的学历在公司里最高的,领导把自己放在这里是屈才。平时他总喜欢独来独往,见了同事也比较冷淡,有时见小马与大家打成一片,还有些不屑一顾。一次,一个同事找小赵请教问题,他听后皱着眉头说:“怎么搞的?这么简单的问题都不知道。”此话一出口,羞得那位同事无地自容,转身就走。从此,谁也不愿向他请教问题,也没几个人愿意同他接触。

不久,公司要提拔技术部主管,公司经过考查,决定让小马担任技术部主管。小赵不服,找到老总评理。老总告诉小赵:“我们的技术部主管,当然要懂技术,如果仅仅懂得技术,他永远都只能做技术员;我们的技术部主管,他更要懂得如何去管理好他手下的员工,让他的员工信他服他。小马虽然技术上比你略逊一筹,但他能让员工们上下一心。我们的企业需要的正是这种能实现人性化管理的人才,而不是一架只知干活的冷冰冰的机器人。”小赵对这个解释不以为然,觉得老总不会赏识人才,于是跳槽到另一个公司。

懂得证明自己价值的人固然勇气可嘉,但是如果你欣赏自己的欲望时刻喷发,那么取得的效果肯定相反。在与你相处一段时间以后,上司、同事很可能把自吹自擂认为是你的头号本领,反而忽视了你的其他长处。实质上,自吹总给人底气不足,用吹嘘来虚张声势的感觉。考察你时,大家多半把你的能力打个对折。

因此,在名誉、利益面前,尽量不要表现得过于热衷,以避免成为众人嫉妒、排挤的对象。即使有所追求，也应该在表面上含而不露，应该通过为人处世的技巧去赢得大家和领导的认同。要知道，很多事情的成功，正如战场上作战一样，迂回包抄要比正面直接进攻有效得多。

说话落落大方，“贵人”更容易对你有好感

无论做任何事情，谦虚与谨慎总是人们获得成功的重要因素，人际交往更不能例外。在与人交往中，先三思而后行，不该说的话坚决不说，不该办的事坚决不办，言谈举止恰到好处，使人感到有理、有礼、有节，肯定会有利于帮你搞好人际关系。但是要明白谨慎并不等于拘谨。日常人际交往中，谨慎也要有个度，有不少人过分谨慎，从而走向了一个极端。遇到任何事都谨小慎微，前怕狼后怕虎，说话婆婆妈妈，办事畏首畏尾。在公共场合，拘谨者在他人面前往往腼腆，神态不自然，手足无措，不敢落座、不敢抬头、不敢大声说话或说话含糊不清，有时甚至所问非所答。心理上总是怯于与人交往，因此总是缺少合得来的伙伴和知音，经常孤身一人，被遗忘在不为人注意的角落，甚至会让人觉得拒人于千里之外。这就是拘谨的表现。

作为一个下属，在领导面前说话是应该谨慎一些，但是，若是见了上司就噤若寒蝉，一举一动都不自然起来，就是业余聚会，也尽量与上司保持一定距离，因为觉得话不投机，如果硬充熟络，似乎太碍脸面了。如此下去，之间的隔膜肯定会越来越深，对你实在太不利了！一则上司永远对你不了解，有较好的空缺也不会想起你来；二则你给上司的唯一印象，会是怕事和不主动，这肯定是你出人头地的一大障碍。所以，在上级面前不要过分拘谨。

当领导赏识你的才干，想提拔你的时候，如果你一再说：“我不行，我不行”，领导对你就会有看法。他或许认为你真的不行，或许认为你怕担责任，或许会认为你不给他面子，不管是哪种看法，对你都不利。

李平就是一个谨慎过分的人，好像是树叶落下来也怕砸脑袋。平时不爱

说话，只知道踏踏实实，埋头工作，他一年内为研究所搞出两项科研成果。为此，研究所所长非常欣赏他，就有意提拔他为副所长。可是，每一次所长把自己的意思说给李平时，李平总是谦虚地说："我不行，我真的不行，您别为难我了。"这样经过三次后，所长再也不找李平谈话了，把另一个在能力上不如李平的研究员提拔为副所长。其实，李平并不是不想当副所长，可是，由于他拘谨过分了，机会与他失之交臂。

在这个现实的世界，纵使有好的道德与才能，如果没有人知道，这不仅是在欺骗自己，也是在欺骗别人，更是对自己功绩的诋毁。所以，过度的谦虚并不是一种可取的美德。谦虚与恰当的自我标识相结合，才是一个人获得成功的途径。

记住，当你完成了一件很棘手的工作时，一定要向上司汇报，让他知道你有快刀斩乱麻的能力，不是只会吃干饭的人。作为职场中人，你不仅仅是埋头劳作的老黄牛，有时候也需要抬头看看，主动向上级汇报一下自己的工作情况，让上司知道你都做了些什么。还有就是，千万不要等到失败了，才去汇报，这样，你在老板心目中的印象一定很糟糕。

要想得到上司的赏识，成为上司的知心人，就需要平时多与上司交往。接触上司时要举止自然。接触上司的机会、渠道有许多，需要自己去积极创造。要达到与上司心往一处想、劲往一处使的境界，作为下属就必须经常出现在上司的周围，加强与上司的沟通，增进相互之间的了解。

与上司接触多了，上司对你的能力和作为有所了解，经常会交办一些事情，面对这难得的机会，你一定要尽心尽力，圆满地完成任务，为自己的发展前程铺好每一块砖。

如今的时代，是快节奏、高效率的时代，需要的是干脆利落、敢断敢行的作风。时间那么宝贵，人们忍受不了那种吞吞吐吐、羞羞答答的"谦逊"，不愿听那种婆婆妈妈、"弯弯绕"式的"自谦之辞"。你行，就来干；不行，就让开。故作姿态的"谦虚"，完全没有必要。在现代社会，精明的企业家招聘员工，聪明的领导者挑选下属，并不是首先看你怎样言辞周到、谦恭有礼，而是首先看你有多少真才实学。你应当实事求是地宣传自己：我有什么长处，有哪些才能，想做什么，能做什么，直来直去，使别人了解你。这样，反而容易使你得到机会。

真诚的态度,给人的感觉才是安全和舒服的

真诚是最受欢迎的品质,任何人都喜欢与真诚的人打交道,也希望自己和对方能真诚交流。美国心理学家安德森做了一次前所未有的调查,他将500个描写人的形容词列在一张表中,让大学生们从中选出他们所喜欢的品质和所厌恶的德行。结果显示,排在第一位的性格品质是"真诚"。在8个评价最高的形容词中,有6个是直接与"真诚"相关的,分别为:真诚的、诚实的、忠实的、真实的、信得过的、可靠的,而评价最糟糕的品质是撒谎、虚伪、作假和不老实。

由此可见,真诚是一种巨大的人格力量。一旦具备了真诚的人格品质,你在别人印象中就与信用、善良、美德结缘。

很少有人知道,松下幸之助挖掘的第一桶金是从卖瓷砖起家的。他用真诚的开场白打动了厂家,把一个默默无闻的小商店发展成为世界闻名的松下集团。

松下的小商店是经营建材商品的,刚刚从亏损的境地站出来。怎样才能赚上一笔呢? 恰在这时,松下从一个朋友那里得知,某瓷砖厂召开订货会议。这个牌子的瓷砖是名牌产品,在本地很畅销。可惜他店小资金薄,厂家根本看不上眼,更没发来邀请,因而无缘经销。但松下想,这次订货会一定要参加。

订货会开幕那天,松下想办法弄到了一张代表证。在订货会上,厂家照例要向经销单位征求产品质量及其他方面的意见。松下想,像我这样的小店,厂家根本不会注意,得想办法引起厂家的重视。座谈会一开始,松下就第一个站起来发言。这一举动引起了厂家的注意。松下侃侃而谈,从瓷砖的性能到质量、品种到花色足足谈了二十分钟,最后如实相告:"我是个小店,资金不雄厚,名气也不大,我不请自来,一是仰慕贵厂的产品质量和良好的信誉,二是

想求贵厂扶持一把。”

厂家一听松下的肺腑之言，深为感动。平常遇到的客户，开口我单位资金多么雄厚，闭口我单位名气在本地如何大。今天可碰上了一个诚实用户，当下表示可以商量，最后达成协议：先发三万块砖，货到后半个月内付款；另外再签订二十万块砖的经销合同。

松下幸之助就是用先声夺人的开场白，把自己的信誉和真诚推销出去，从而换得自己渴望已久的成功。

在人与人的交往中，如果对方感觉不到你的真诚，他们则会下意识地觉得被欺骗，同时产生一种不确定性，本能地认为你会对他造成伤害。人最恐惧的不是一件不幸事件的发生，而是要随时担心一件事情发生。这种担心会使人长期处于高度自我防卫状态，并使人在主观上感到焦虑和不安。如果你无法给予对方真诚，对方则会一直担心你对他的欺骗和伤害，并一直防备着你，最终导致交往无法继续。所以，我们高度期待“真诚”，而对于不真诚则高度拒绝。

有谚语说：“真诚贵于珠宝，信实乃人民之珍。”说话真诚的人，能得到别人的信任。

北宋词人晏殊素以说话真诚著称。他14岁时参加殿试，真宗出了一道题让他做，晏殊看过试题后说：“我10天以前做过这个题目，草稿还在，请陛下另外出个题目吧。”真宗见晏殊这样真诚，感到他可信，便赐他“同进士出身”。晏殊在史馆任职期间，每逢假日，京城的大小官员常到外面吃喝玩乐。晏殊因为家贫，没有钱出去，只好在家里和兄弟们读书写文章。有一天，真宗点名要晏殊担任辅佐太子的东宫官，许多大臣不解。真宗对此解释说：“近来群臣经常游玩饮宴，只有晏殊和兄弟们闭门读书，如此自重谨慎，正是东宫合适的人选。”晏殊向真宗谢恩后说：“我也是个喜欢游玩饮宴的人，只是家里穷而已，如果我有钱，也早就参与宴游了。”真宗听了，越发赞叹他的真诚，对他更加信任。

大量事实证明，一个人说话的魅力并不在于语言的华丽、表达的流畅，而在于你是否倾注了感情、表达了真诚，最能推销产品的人并不一定是口若悬河的人，而是善于表达真诚的人。当你用得体的话语表达出真诚时，你就赢得了对方的信任，建立起人际之间的信赖关系，对方也就可能由信赖你这个人而喜欢你说的话。真诚，不论对说话者还是对听话者来说都非常重要。

与人相交贵在以心换心，坦白、真诚，表露真心。对方会感到你信任他，从而卸下猜疑、戒备心理，把你作为知心朋友，乐意接受你的一切。每个人的思想深处都有内隐闭锁的一面，同时，又有开放的一面希望获得他人的理解和信任。然而，开放是定向的，即向自己信得过的人开放。以诚待人，能够获得人们的信任。以一个开放的心灵换取到一位用全部身心帮助自己的朋友，这就是用真诚换来真诚。

人微言轻，不说超出身份的话

“人微言轻”的意思是：身份不够，说话没有分量。

身份够不够没有标准，它完全是相对的，也就是说，当同一场合的人中，别人的职位比你高，资历比你深，专业素养比你深厚，那么你就是“人微”了。但若换另一个场合，其他人都不如你，或至少和你差不多，那你的身份就不一样了。

既然人微言轻，说话就要注意别太离谱。也就是说做人要有自知之明。没有自知之明的人往往做事不知深浅，不知道自己值几斤几两，只要自己感觉稍微有点小成绩，也不管别人怎么说、怎么看，只顾自己一味沾沾自喜地邀功请赏。希望能得到别人，尤其是上司的赏识。其实明眼人都看得出来，结果除了碰壁，还会是什么呢？

我国古代有个人叫艾子，他特别喜欢打猎，尤其喜欢骑在马背上追逐鸟兽那种畅快淋漓的感觉。为了自己的兴趣，艾子养了一条善于追捕逃跑的兔子的猎狗，以及一只机警迅捷的猎鹰。每次外出打猎，艾子都要带上自己心爱的猎狗与猎鹰，每次捕到了兔子，艾子都会把兔子的心肝赏给猎狗吃。因此每次艾子捉到了兔子，猎狗总会摇着尾巴，两只前腿竖起来，在艾子身边不停地上蹿下跳，期盼着艾子将兔子的心肝喂给它吃。

一天，艾子外出打猎，到山上转悠了半天，却一只兔子也没遇到，猎狗跟着折腾了大半天，已经饥肠辘辘了，肚子里时不时发出咕咕的叫声。

正在此时，两只兔子突然从草丛中窜出来，向不远处的灌木丛跑去。艾子赶紧放猎鹰去咬兔子。两只兔子在草丛中上蹿下跳，非常难捕。猎鹰也跟着兔子上下左右地扑腾，但是越想尽快抓住兔子，越是一次次地与兔子擦肩而过。突然，猎狗对准一只兔子的后腿猛咬下去，结果却恰好咬在猎鹰的脖子上，猎鹰当即一命呜呼，两只兔子趁此良机，溜掉了。

艾子大惊失色地跑过来，看到自己心爱的猎鹰居然被猎狗给咬死了，特别懊恼。艾子将猎鹰的尸体拿在手中，心里不住地懊悔、气愤，伤感至极竟然不由自主地流下泪来。而此时，猎狗却兴致勃勃地摇着尾巴走过来，高高地将前腿竖起，上蹿下跳，沾沾自喜向艾子邀功请赏来了。

艾子看到猎狗这神气，气得不行，对着它破口大骂道："你这只不知廉耻的死狗，咬死了我的猎鹰，居然还敢在这里洋洋得意地请赏？"一怒之下，一脚将它踢出老远，猎狗从悬崖上掉了下去，也一命呜呼。

其实艾子回家后，后悔不已，但是盛怒之下，哪里还能有太多的理智呢？后来艾子跟自己的弟子强调，猎狗倘若能够体谅自己，看到主人正在盛怒悲伤的情绪里，不妨乖乖地躲到一边，做出懊悔、害怕的样子，做主人的一看猎狗知道自己错了，而且在旁边吓得发抖，也就算了，作为主人也就不会失去理智了。

在我们的生活中也不乏这样的人，因为看不出眉眼高低，自以为感觉良好，更不清楚自己的真正实力，其实，这样正是惹祸上身的前兆。聪明的人看到他人不如意的时候，能知趣地站在一边，等事情有了缓和之后，再说出自己的想法。这样做不仅是对他人的理解和尊重，更是对自己的尊重。

我们每个人与上司共事，最好先摆正自己的位置，不出现与自己身份不符的言行举止。下面是一些可能会令上司不快的话，要引起特别注意：

1. 对上司说："您辛苦了！"

"您辛苦了！"这句话，本来应该是上司对于下属表示慰问或犒劳时说的，如今反过来倒由下级对上级说，作用似乎不大妙。尊重上司，应该说"佩服"。

例如:“经理,我们都很佩服您的果断!”这样就比较恰当。

2. 对上司的问题回答说:“随便,都可以!”

上司会认为他的下属感情冷漠,不懂礼节,对说这句话的人,自然就看低了。

3. 对上司说:“这事你不知道!”或说:“那事我知道!”

这样说话,不但会对上司,就连对熟悉的朋友也会造成很大的伤害。对上司说这样的话,尤其不敬。

4. 对上司说:“不行是不是?没关系!”

这话明摆着是对上司的不尊重,缺少敬意。退一步来说,也是说话不讲方式方法,说出不恰当的话。

5. “我想这事很难办!”

上司分配工作任务下来,下属却说“不好办”、“很困难”,这样直接地让上司下不来台,一方面显得自己在推卸责任,另一方面也显得上司没远见,让上司脸面上过不去。

6. 接受上司交代的任务时说:“好啊”、“可以啊”。

“好啊”、“可以啊”在语言含义上带有批准、首肯的意味,常用在上司通过对下属的审核意见时所说。正确的说法应是“是”、“知道”,“是”、“知道”表示“接受命令”的意味,用在下属承领上司的命令时说比较合适。

人最可贵的是有自知之明,即使这无助于发现真理,它至少也是一项生活准则。法国著名画家安格尔曾说过这么一句话:“我在日常生活中严守着一个美好的准则:‘贵在自知之明’,我是素以此来鞭策自己的。”

要想做一番事业,获得成功,你就应该对自己有清晰的认识,知道自己的分量,给自己定好位,准确定位是开创事业的第一步。

效率至上，十分钟内表达清楚

每一个成功的职场人士都具备一项基本技能，那就是善于交谈。他们很会把握交谈的时间与内容，能够在最短的时间内摸清对方的心态和意图，做到知己知彼。很多时候，人们总是认为延长谈话的时间就可以达到游说对方的目的，事实上这只是个一厢情愿的谬误。因为如果你的语言和条件可以打动对方，那么在交谈的前十分钟他就会表现出应有的兴趣；如果你口若悬河滔滔不绝了十分钟，而对面的那个人还是毫无表示，那么，你可以结束这场谈话了，因为即使强行进行下去也是毫无意义的。

在不漏掉有用信息的前提下，越简洁越好。我们不要躲躲闪闪或拐弯抹角地说话，该说什么就说什么，这并不意味着我们品位低俗，而是说明我们有恰当的词汇可用，而没有进行不必要的掩饰。

《三国演义》中有一段“白门楼斩吕布”的故事。吕布被曹操所擒，曹操考虑到吕布的本领高强，故有意饶其不死，留下为己所用，为此，他征求刘备的意见。刘备担心吕布归顺曹操后，不利于日后自己称雄天下，希望曹操处死吕布。这时，刘备本可以列举吕布的很多劣迹恶行，但他仅选择了吕布心狠手辣、恩将仇报、亲手杀死义父的典型事例来说服曹操。刘备只说了句：“公不见丁建阳、董卓之事乎？”一句话，提醒曹操想到吕布反复无常，很难成为心腹，弄不好就成为吕布的刀下鬼，于是，曹操下决心，立斩吕布。

吕布曾有恩于刘备，吕布被斩之前，也曾提醒刘备：“君不记辕门射戟之事乎。”然而刘备却不予理会，只用一句提示性的话，就坚定了曹操的决心，立时间就要了吕布的性命。

一些突发事件如若处置不当，情急之中也会酿成祸害。此时能不能说话，善不善说话，可真关系到性命攸关的大事了。

汉武帝好巡游，一次在游鼎湖后到甘泉视察，发现甘泉官道坎坷难行，事先未及整治，不禁恼怒从心而起："难道义纵（治理甘泉的官员）觉得我必定驾崩鼎湖，连甘泉也来不了了吗？"

这件事本是义纵的疏忽，但情急之中竟难以置辩，不久，汉武帝就找借口杀了义纵。

同样是汉武帝，好骑马游猎，一次大病之后，猛然发现宫中御马竟比以前瘦了许多。他喝令叫来管马的上官桀，骂道："你是不是以为我该病死，连御马也看不到了？"说罢便要治罪。

上官桀非常机智，急忙申辩说："臣万死不也，唯知陛下圣体欠安，臣日夜忧虑，无心喂马。臣确实已失职，陛下愿杀愿罚，都请自便，只要陛下圣体健康，臣死而无憾！"言未毕，泣不成声。

没有养好马与没有修好官道一样，都是不尽职，但是上官桀却很高明地将失职转成尽忠的表现，言语之间，使汉武帝觉得他极为忠诚。结果，上官桀不仅没有被杀头，反而受到重用，累官至骑都尉。

回答上司的话，措辞的简洁和高雅是非常重要的一环。如果措辞啰啰嗦嗦，谈话抓不住重点、不着边际，说来说去也使人无法把握住他谈话的要点，这样的人常常会让人厌倦。

要做到措辞简洁高雅，在谈话中应该着重注意以下几个方面。

1. 显著要尽量简明扼要

说话一般是越简明越好，有些人在叙述一件事情时说了很多话，但还是无法把他的意思表达出来。听者花了很多时间和精力，仍然不知道他想说明什么东西。如果你犯有这种毛病，一定要自己矫正。

2. 用语不要过多重叠

在汉语里，有时的确要使用叠句来引起别人的注意，或者加强语气。但是，如果滥用叠句，就会显得累赘。例如，许多人在疑惑不解的时候常常会说："为什么？为什么？"其实，一个"为什么"就足以表达你的疑惑之情，为什么偏要多加一个呢？还有的人答应别人一件事情的时候，常常说："好好好……"，一连说上好几个，其实，说一个"好"就足够了。如果你有这个毛病，也还是改一下好。

3. 同样的言词不可用得太频繁

一般地说，听者总希望说者的语言丰富多彩。你虽然不必每说一事都要创造一个新词汇，但也应该在许可的范围内尽量使表达多样化，不要把一个名词用得太频繁。即使是一个非常新奇的词，如果你在几分钟之内就把它复述了好几次或十几次，那么人们对它的新奇感就会丧失，并对它产生一种厌倦感。

4. 要避免口头禅

有些人的交谈中非常爱说口头禅，诸如"那么"、"岂有此理"、"我以为"、绝对的"、"没问题"一类的话几乎是脱口而出，不管这些话是否与所说的内容有关联。这类的口头禅说多了，不仅影响说话的效果，而且还很容易被别人当做笑柄。因此这类的口头禅应下决心杜绝。

5. 不要滥用术语

粗俗的词不可用，太深奥的词如专用术语也不可多用。如果不是同一个学者讨论学术问题或不得不用时，过多地使用专业术语，即使你使用得很恰当，也会给别人以故弄玄虚的感觉。满口诸如"形而上学"、"一元论"、"二元论"、"沙文主义"、"哀的美敦书"等术语，不懂的人认为你在炫耀才学，而听得懂的人则认为你非常浅薄。

为了使你的话更有力度，在话未出口时，先在脑子里构思一个轮廓，然后再按次序有条不紊地说出来就行了。如果我们使用的是电话交流的方式，最好事先把要谈的事情逐一列出，写在一张纸上，然后再说："我知道您很忙，有这么几件事需要和您讨论……"这样一来对方就很容易接受，从而愿意和你交谈。

懂得感恩，让领导感到你值得提携

人与人之间的关系，应该是一种良性的互动。在作为领导者的一方，不仅仅是在工作上的领和导，帮助和提携下属，促进他的进步，关心下属的个人生活，也都是他“领导艺术”之中的内容；作为下属，感恩图报，及领导之所及，也是正常的反馈。

在工作中，很多人虽得到了上司、同事的很多帮助，并且取得了很大的成功，但也没有表示对上司和同事的感谢。造成这种现象的一个主要原因是，很多人的脑子被某种错误的意识占据了。他们把别人的辛苦、帮助和付出视为是理所当然的，认为没有必要表示感谢或肯定。

有一个刚毕业的本科生叫王新军，由于工作比较卖力，取得了一些成绩。参加工作半年后，他所在的部门一分为二，需要提一个中层干部，领导想培养年轻人，虽然他工作经验有些欠缺，还是提拔了他。按道理说因该很感激提拔他的领导。可因为两件事令他的上司很生气。一是因一点业务上的事情与领导本人发生了一点利益上的冲突，对领导态度很不好；二是他上司的对立面的一部分人到总公司告他的上司，王新军便和他们站到了一起。十年过去了，王新军因为这两件事在这个单位再也没有得到提拔。

感恩已经成为一种普遍的社会道德。然而，人可以因为一个陌路人点滴帮助而感激不尽，却无视朝夕相处的上司、同事的种种恩惠，将一切视之为理所当然，视之为纯粹的商业交换关系 ，这是许多公司老板和员工之间矛盾紧张的原因之一。的确，雇用和被雇用是一种契约关系 ，但是在这种契约关系背后，难道就没有一点同情和感恩的成分吗?老板和员工之间并非是对立的，从商业的角度，也许是一种合作共赢的关系；从情感的角度，也许有一份亲情和友谊。

在微软十年，唐骏拿过两次比尔·盖茨总裁杰出奖，这在微软历史上至今为止都是特例。但到了2004年，由于微软内部的人事调整，唐骏选择离开微软，转投本土企业上海盛大出任总裁。比尔·盖茨亲自给他写了一封信，感谢他对微软所做出的贡献，希望他有一天重新回到微软。

到盛大上任当天，微软全球副总裁陈永正、盛大董事长陈天桥双双出面，举办了一场隆重的"跳槽仪式"。同时，微软董事会还颁发给他"微软中国终身荣誉总裁"的头衔。直到今天，唐骏的名片上还印着这一头衔。这样的待遇，在国内经理人中绝无仅有，在微软全球也是史无前例。

在不同的场合，唐骏多次"絮絮叨叨"地表达着他对微软的感恩：

"我非常感谢微软。"

"我是发自内心地感谢微软。"

"我很留恋微软，毕竟在这里工作了十年，钟爱了十年，感动了十年……"

在一个"与成功者对话"的论坛上，一位听众请教台上的企业家："您觉得一个人成功的秘诀是什么？"企业家没有讲一番大道理，而是告诉在座的各位："保持一颗感恩的心。只要你对人对事对物保持一颗感恩的心，你一定会成功。"这段话赢得了阵阵掌声。

没有谁对我们的帮助是理所当然的，感恩是认定别人帮助的价值，从而达到彼此感情交流的一种有效手段。如果你能回馈别人对你的帮助，那么彼此的关系就会因此而发生变化，彼此之间的距离也缩短了，感情就有了呼应和共鸣。对方在兴奋欢悦之余会给予更多的关照、更好的回报，这样交际气氛就会更加友好和谐。

虽然提到"回馈"这个词，通常会给人一种很现实的印象，带有功利的色彩，可是，这种互惠互利的回馈并不只是功利的表现，也不是只在谈到"功"、"利"时才能使用这个词。

有时适量的物质回报是培养良好的人际关系的特殊需要。比如某人曾多次无私地帮助过你，某一天当他生病住院的时候，你拎上礼物去探望，无疑对他是一种莫大的慰藉。总之，物质回报要遵循适度的原则，适量地"往重于来"。

对那些帮助你或试图想帮你的人，不仅立即要说谢谢，给予必要的物质回报，更要保持联络，让他们知道由于他们的引导或观念而导致你的进步情况。施恩于人是件令人高兴的事，要以满足感来回报那些帮助你的人。不论你所受的恩惠是大是小，都必须回报与感谢。

因此，向别人表示你的感恩之情是一个有积极意义的举动。从你那里得到过感谢的人，会希望将来再次受到你的感谢和肯定，因为他看到自己对你的帮助能够被你认识和赞赏。你的衷心感谢也会换来真心相报，日后，对方还会乐意帮助你的。

感恩，会使你的境遇越来越好。一个不懂得感恩的人永远都得不到重用；一个不懂得感恩的人永远都不会成功的。

即使受了委屈，也不要作出牢骚满腹的样子

许多人都可能遇到过自己的上司压力大、情绪不好的时候，这时他就会把不满和焦虑发泄到员工身上。有时候明明是他自己犯的错误，却把气都撒到下面的员工身上。看到领导阴沉着脸，员工们自然都战战兢兢，大气也不敢出。如果你能及时读懂上司的意图并进行自我调节，你与上司的关系就会很融洽，对你未来事业也有帮助。

在心理学上，愤怒常常是内心力量的体现。上司一般都是力量型的人，这样才能独当一面，所以他们一般都比较强势，比较坚强。当他们遭遇挫折时，就会以一种比较极端的方式表现出来，譬如愤怒。

王立在一家商贸公司工作。一天，公司经理由于与外商谈判进行得非常不顺利，本来谈妥的事情又中途变卦。当他怒气冲冲地回到办公室，见到办公室乱七八糟，心情更加烦躁，不分青红皂白就大骂起来。此时，王立正在不紧不慢地看报纸，以为领导是冲着他来的，加上平时就觉着领导好像对他有意见，心想：自己的工作做完了，看会儿报纸还挨臭骂，于是与经理争吵起来。另一位同事连忙过来，向经理说明了情况，经理此时也有些省悟过来，直言：心情不好，不好意思。但对王立却悻悻然，感到王立不懂事儿。

上司也是普通人，他们也有自己的喜怒哀乐，所以，面对上司脸上的“阴

云"时，就要学会一些技巧。比如，上司对你发怒，千万不要将其愤怒看成是指向自己一个人的，其实，你只是他发泄愤怒的一个对象而已。上司有可能是在外面遇到了一些压力，也可能是在处理家庭关系上出现了一些问题。总之，不要以为上司的情绪是因为自己引起的，因为你对于上司来说，可能还没有那么重要。上司不能对着客户发火，也不能到大街上去发火，公司是他掌控下的安全地带，所以他最有可能选择这个安全地带来发泄情绪。

此时，你千万不要和他硬碰硬地对着干。你可以先虚心接受批评，然后对自己说："其实上司更不容易，他现在只是心情不好，我应该理解他。"事后，也不要为一点小事而去找上司的麻烦，和他纠缠不休。

在日常生活中，尤其是在工作交往中，很可能会出现这样的情况，某种事情明明是上一级领导耽误了或处理不当，可在追究责任时，上面却指责自己没有及时汇报，或汇报不准确。

在某机关中就出现这样一件事。部里下达了一个关于质量检查的通知后，要求各省、地区的有关部门届时提供必要的材料，准备汇报，并安排必要的下厂检查。某市轻工局收到这份通知后，照例是先经过局办公室主任的手，再送交有关局长处理。这位局办公室主任看到此事比较急，当日便把通知送往主管的某局长办公室。当时，这位局长正在接电话，看见主任进来后，只是用眼睛示意一下，让他放在桌上即可。于是，主任照办了。然而，就在检查小组即将到来的前一天，部里来电话告知到达日期，请安排住宿时，这位主管局长才记起此事。他气冲冲地把办公室主任叫来，一顿呵斥，批评他耽误了事。

在这种情况下，这位主任深知自己并没有耽误事，真正耽误事情的正是这位主管局长自己，可他并没有反驳，而是老老实实地接受批评。事过之后，他又立即到局长办公室里找出那份通知，连夜加班加点、打电话、催数字，很快地把所需要的材料准备齐整。这样，局长也愈发看重这位忍辱负重的好主任了。

上司也不是圣人，他也会犯错误，错怪自己的下属，对下属发脾气，但是，值得指出的是，那些在上司对其发脾气之后，特别是受到委屈对待时，能主动向上司表示亲近的员工，将会被视为聪明的、有理智的人。这不是委曲求全，而是一种良好的素质修养。此时，最愚蠢的行为，莫过于当场与上司对抗、顶撞。

因此，学会察言观色很重要，当你发现上司已经有发火的迹象，只要不是必须要找他，就避开风头，也许明天他就恢复正常了。如果不巧你成为上司的发泄对象，在他发火时千万不要顶撞和争辩，越是解释越容易引发他的怒火；也千万不要认为上司发火了就会炒你鱿鱼。如果人人都在被上司骂了之后就辞职，那公司可能早就没有几个人了！此时，最好就是按部就班地做好工作，并及时向领导汇报。在汇报的时候，千万不要表现得唯唯诺诺，说话语速可以放慢，但不要啰嗦个没完。

在上司心情不好的时候，没有必要把一些不好的消息传达给他来火上浇油，如果不是什么十万火急的事情，那就等他心情好点再说吧，这也是一种处事的智慧。因为上司在情绪不佳的时候，对一些没什么大不了的事情也可能大发雷霆，而愤怒的情绪会影响人作出正确的判断，等上司心情好了，再把不好的消息告诉他，说不定他就不会追究了。当下属的在这方面应该稍微多长个心眼，这样就可以把各种事情处理得更妥帖了。

在公司里，不少人都是要看上司的脸色行事的，当上司心情愉悦时，部下们处理起自己手头的业务时，心情也能够轻松许多。这便是下属时刻留意上司心情的意义所在。

总之，身在职场，上司越是急躁，做下属的越要沉住气，千万不要乱了分寸，以免引火烧身。

第 12 种能力

尽力体现有城府、能包容的素质

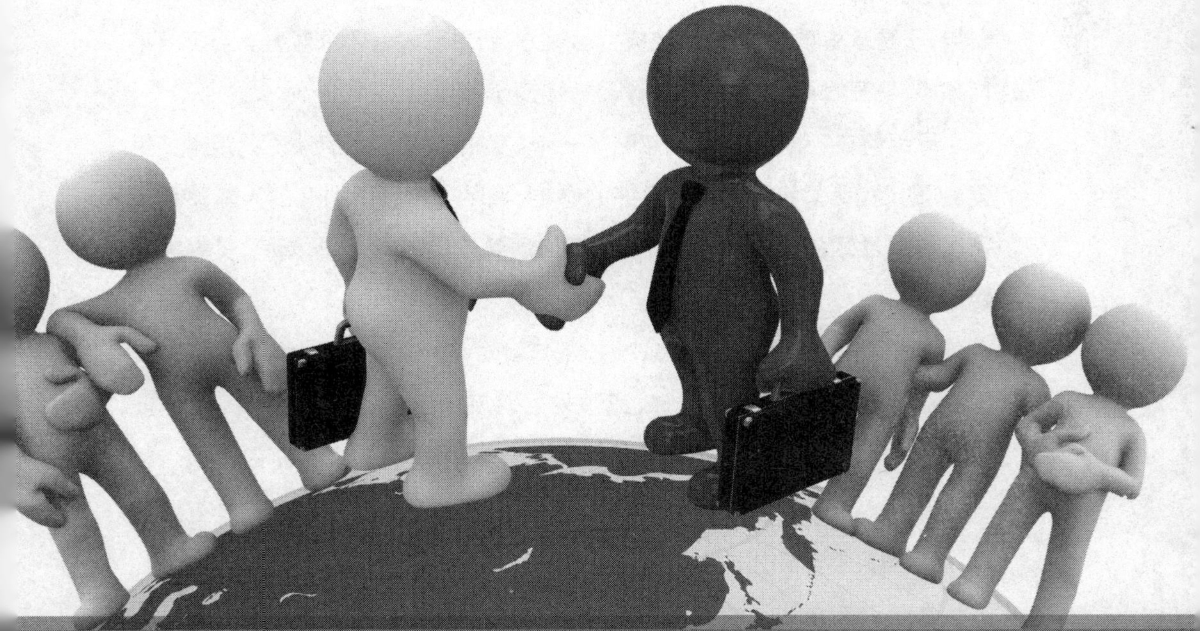

我们在人群中生活，随时都在观察着、探测着别人，也被别人探测着。在还相对陌生的人之间，一些随时发生的具体事件，则会成为大家评判一个人胸怀和性格的基础。所以，有些事你需要三思而后行，尽量按照一个成熟的社会人的标准行事。

距离得当，不要轻易踏入他人“空间”

交友的过程往往是一个彼此气质相互吸引的过程，因此你们有共同的“东西”，所以一下子就越过鸿沟而成了好朋友，甚至“一见如故，相见恨晚”。这个现象无论是异性或同性都一样。但再怎么相互吸引，双方还是有些差异的，因为彼此来自不同的环境，受不同的教育，因此人生观、价值观再怎么接近，也不可能完全相同。当二人的“蜜月期”一过，便无可避免地要碰触彼此的差异，于是从尊重对方，开始变成容忍对方，到最后成为要求对方。当要求不能如愿，便开始背后的挑剔、批评，然后结束友谊。

原因何在？很简单，他们忽略了一个“度”的问题。人们常说：“距离产生美。”的确，尽管我们都有着良好的愿望，都希望自己所拥有的人际关系亲密度越高越好，但这是不够的，我们还必须要记住“亲密并非无间，美好需要距离”。

朱琳是销售部一名业务员，26岁的年龄对女人来说正是大好年华。这天销售部又招来一名业务员李玮，25岁左右，178厘米的个头，帅气十足，而且通过一段时间的业务水平来看，能力十分突出。于是朱琳就时不时找他商量一些市场销售方面的问题。但经过一些时日，朱琳总感觉李玮的眼神有点不对，而且有几回李玮还提出请朱琳吃饭。

这样一来，朱琳渐感事情不妙，李玮可能对自己有意思，那怎么行呢？自己已是结了婚的人。这之后，朱琳开始逐渐疏远了李玮，也不再找他商讨问题，才避免了一场“失火”感情游戏。

作为一个社会人，我们免不了会有许多工作上的应酬，如与异性单独吃饭、跳舞什么的。不幸的是，在某些时候，对某个人的优礼有加，却有可能引发令人尴尬的事情。

许多人都有过这样的经历和感觉，觉得和某个人或某几个人很是投缘，谈得来，坐在一起便觉得心里热乎乎的，总有说不完的话，于是就舍不得分开。然而，这种交往甚密的结局往往是令人伤心的分离，而且很可能造成难以愈合的创伤。

有的人把好朋友当成自己，认为朋友之间就不能有秘密，其实，“无话不说”也有个限度。有这样一件事情，两个特别要好的女孩，同吃同住，好得就像一个人，彼此对对方都了如指掌，由于她们太熟悉对方而不分你我，把对方的秘密当成自己的而告知于人，严重影响了朋友的正常生活而使朋友关系难以维持。所以，就算是一对最好的朋友，也要适当保留一些个人的秘密，不必以公开你的私人生活来证明你对朋友的诚意，也不要过分渴求明友会对你的任何私人问题都有帮助，是自己的事就要勇敢地独立面对。

好友亲密要有度，切不可自恃关系密切而无所顾忌，正如中国的一句古话“见面只说三分话，未可全抛一片心”。所以高明的人的原则就是：刺猬式交往。真诚但不和盘托出，亲近但不过度亲密。如果太亲密了，就可能发生质变，好比站得越高跌得越重。过密的关系一旦破裂，好友势必变成冤家对头。

所谓刺猬式的交往，是美国精神分析医师布列克为了形容现代人际关系的复杂与困难而首创的用词。“两只刺猬在寒冷的季节互相接近以便取暖，但是如果过于接近，彼此会刺痛对方，若离得太远，又无法达到取暖的目的。因此它们总是保持了有利于双方的距离，既不会刺痛对方，又可相互取暖。”这则寓言清楚地显示了人际关系的微妙之处。

每个人与亲戚、朋友以及和不同的人进行交往，应该有着不同的空间要求，因为每一个人，都需要在自己的范围内有个属于自己能掌控的自我空间，它就像一个透明的“气泡”，包裹着自己，建立了一定的“私人领域”。而当这个自我空间被人“刺破”就会感到不舒服、不安全，甚至恼怒起来，有可能还认为你心怀不轨，这好像就是一层玻璃的距离。

当你到朋友家拜访时，若遇上朋友正在读书学习、或正在接待客人、或正和恋人相会、或准备外出等，你也许自恃挚友，不顾时间场合，不看朋友脸色，一坐半天，夸夸其谈，喧宾夺主，却不管人家早已极不耐烦了。这样，朋友一定会认为你太没有教养，不识时务，不近人情，以后就会想方设法躲避你，以防你再打扰他的私生活。

当你有事需求人时，朋友当然是第一人选，可你事先不通知，临时登门造访；或不顾朋友是否情愿，强行拉他与你同去参加某项活动。这都会使朋友感到左右为难。他如果已有活动安排，不便改变，就更难堪。对你的所求，若答应则打乱了自己的计划，若拒绝又在情面上过意不去。或许他表面乐意而为，但心中总有几分不快，认为你太霸道，不讲道理。所以，你对朋友有所求时，必须事先告知，采取商量口吻讲话，尽量在朋友无事或情愿的前提下提出所求，同时要记住：己所不欲，勿施于人。

朋友相处，重要的是双方在感情上的相互理解和遇到困难时的互相帮助，而不是了解一些没有必要的东西。有的人为了表示自己对朋友的信任，把自己的一切情况观念和盘托出，这种做法是一种轻视自己的行为，如果你所结交的朋友是一个值得信赖、品行端正的人，可以说是你的幸运，万一对方是居心不良、怀有歹意而你又没有识破的人，情况就会使你大伤脑筋。

朋友要保守秘密并不是对你的不信任，而是对自己负责。你同样也需要保守自己的秘密，这一切并不证明你和好友之间的疏远；相反，明智的人会认为，如此友谊更加可靠。斤斤计较，你一定会失去好友。同样，在你朋友觉得难为情或不愿公开某些私人秘密时，你也不应强行追问，更不能私自以你们的关系好而去偷听、偷看或悄悄地打听朋友的秘密，因为保守秘密是他的权利。一般情况下，凡属朋友的一些敏感性、隐秘性的事情，其公开权利应留给朋友自己，擅自偷听或公开朋友的秘密，是交友之大忌。

其实，每个人都有秘密，给对方一点保护他们秘密的空间，实际上就是给自己更大的空间。一个懂得尊重自己的人，知道怎么尊重别人。

即使刚做了露脸的事儿，也不必口出狂言

在竞争日益激烈的社会，表现自己，使自己获得一份好的工作和好的回报是无可厚非的。但是，表现自己要分场合、分方式。表现自己的时候，态度一定要诚恳，尽量不要让你的表现看上去矫揉造作。特别是在众多同事面

前，如果只有你一个人表现得特殊、积极，往往会被人认为是故意推销自己，常常会得不偿失。一个聪明的人在成功地做完一件事时会谦虚地说："功劳是大家的。"

在某单位的一次公开招聘中，小陈战胜了其他几位竞争对手登上了经理宝座，许多同事对他表示祝贺和赞赏，有人甚至当众夸奖他是几位候选人中实力最强的。小陈却坦诚说道："其实几位候选人各有千秋。论管理我不如老张，论经营我不如老周，论公关我不如小王。"后来，小陈不但以诚意挽留了这几位竞争者，而且在组建班子时根据各自特长作出了相应安排。宽厚的气度使他赢得了大家的尊重，也使他在工作中取得了显著成效。

自然、真实地展现你的能力和才华值得赞赏，只知刻意地自我表现则是最愚蠢的。卡耐基曾指出："如果我们只是要在别人面前表现自己，使别人对我们感兴趣，我们将永远不会有许多真实而诚挚的朋友。"在职场，要想与众不同，得到同事的肯定和老板的赏识，的确需要适当表现自己的能力。但很多人往往陷入这样的误区，那就是在错误的时间，错误的地点表现自己，不知什么是收敛。同事之间处在一种隐性的竞争关系之下，如果一味地刻意表现，不仅得不到同事的好感，反而会引起大家的排斥和敌意。

有的人做出了点成绩，总是在人面前谈论，甚至还借此来贬低别人，以此来显示自己的优越性。这种做法是最愚蠢的，总想让别人知道自己很有能力，处处想显示自己的优越感，希望从而获得他人的敬佩和认可，结果却失掉了在同事中的威信，这样做实在是捡了芝麻丢了西瓜。有德行的人要做到不炫耀自己的聪明，不显示自己的才华，这样才能够有力量担任艰巨的任务。

当年乔丹在公牛队时，皮彭是公牛队最有希望超越乔丹的新秀，他时常流露出一种对乔丹不屑一顾的神情，还经常说乔丹某方面不如自己，自己一定会把乔丹推倒一类的话等。但乔丹没有把皮彭当做潜在的威胁而排挤，反而对皮彭处处加以鼓励。

有一次乔丹对皮彭说："我俩的三分球谁投得好？"皮彭有点心不在焉地回答："你明知故问什么？当然是你。" 因为那时乔丹的三分球成功率是28.6%，而皮彭是26.4%。但乔丹微笑着纠正："不，是你！你投三分球的动作规范、自然，很有天赋，以后一定会投得更好，而我投三分球还有很多弱点。"

并且还对他说，“我扣篮多用右手，习惯地用左手帮一下，而你，左右都行。”这一细节连皮彭自己都不知道，他深深地为乔丹的无私所感动。

从那以后，皮彭和乔丹成了最好的朋友。而乔丹这种豁达大度的品质则为公牛队注入了难以击破的凝聚力，从而使公牛队创造了一个又一个的神话。

在日常生活中，我们经常看到的是一些非常看重自己的人。他们总以为自己很了不起，高高在上，盛气凌人；总以为自己博学多才，满腹经纶，一肚子学问，一心只想干大事，创大业；总以为自己妙手通天，别人什么都不行，只有自己最行；总以为自己出身高贵，苦活累活是别人的事情，自己怎能吃苦受累？于是，稍不如意，便牢骚满腹，怨天尤人。说穿了，这是太看重自己导致的心理失衡。

如果一个人过于抬高自己，就会摆不正自我与他人之间的关系，这种人总是认为只有自己才行，其他人统统都不行。由于他总是目空一切，其结果只能是脱离大众。

如果一个人过于抬高自己，处处表现自己，那么，这就意味着他在所有方面都“剥夺”了其他人施展才华、能力的机会，无形之中增加了与他人矛盾、冲突的可能性，结果是：他使自己处于“众叛亲离的境地之中。

当你为别人提供了方便，使别人得到满足，反过来别人也会设法为你提供方便，乐于成人之美的人总能得到别人的帮助和配合。所以推荐别人也等于推荐自己，成就别人的同时，并非一定会损伤自己。成功的关键在于，知道什么时候给予，什么时候获得。

计划没有变化快，遇事不要轻易拍胸脯

有些人性情直率、为人豪爽，遇事喜欢大包大揽，“包在我身上”、“放心等我的好消息吧”等等是他们的口头禅。然而俗话说得好“计划没有变化快”，世事的发展变化，常常在我们的意料之外，即使你很有把握的事，也可能随时出

现一些小岔子。事情办不成，回头再去见你的托付人，你的信誉就要大大地打折扣了。

小崔和小郝都是学电子工程的，在大学是睡在上下铺的兄弟，毕业后，他们各自回到家乡所在的城市工作。

一别三五年，这天小郝趁出差的机会来看小崔。老同学见面，分外的亲热，他们找了一个小酒馆喝酒叙旧。几杯啤酒下肚，小郝发起了牢骚，他说自己在单位干得很不开心，上挤下压不说，待遇也很差。早就想自己出来单干了，他想注册一个小公司，凭技术吃饭，前景十分看好，只是资金成问题。去年父亲有病，做肾移植花了一大笔钱，家里那边的亲朋好友都资助过，现在说不好再张口，真是没有办法啊！小崔一听，顺口说道："有兄弟呢！你怕啥？还能让这点儿小事难住了。"小郝一听大为高兴，两人又干了几杯。

第二天冷静下来，小崔才发现借钱这事儿太困难，女友那边还等着买房子结婚，自己本来还为这事发愁，怎么头脑一热又给自己揽上了这么一档子事儿？无奈之下，只好打电话说明了自己的难处。那一边，小郝却很不满意，答应了的事情而不办，分明是种推诿，根本就没把自己当朋友。多年的交情，这时就出现了一道看不到的裂痕。

熟悉的朋友尚且如此，如果是相交不久的陌生人，类似事件出现一次，对方都可能直接把你打入"言而无信、办事不牢"的冷宫。

"吹牛皮"的人，常常是外强中干的，而且他们的目的只不过是为了引起大家对他的关注，以满足自己的虚荣心。与人相处，贵在讲信用。自己不能办到的事情，胡乱吹嘘，会给人一种华而不实的印象。比如，有人在酒桌上几杯酒下肚后，便开始吹嘘：和某某局长铁哥们，和某处长是朋友，和某某市长是亲戚等等，简直是有通天的本事，似乎无所不能。在座的人说起生意上或事业上的难处，这位老兄便拍胸脯、打包票说："没问题，这事全包在我身上。"待酒一醒，才发觉他摊上了麻烦，自己根本没有能力帮人办事。

帮助别人本身无可厚非，关键是量力而行。不看清自己的实力，什么事都说"我能行"，这与一个莽汉没有什么区别。你要为你所说出的话负责，就必须"三思而后言"。

我们自己应该是最了解自己的，能吃几碗饭，能干多少事，对于没有十分把握的事儿，不如实事求是，只表示自己会全力以赴就可以了。如果只为表现自己的实力，给人留下一个意气风发的好印象而大包大揽，万一事情不像自己想象中的那么顺利，对方除了要怀疑你的能力之外，也会怀疑你是否有自知之明。

把话说满，人们对你的期望值也随之升高，当时的场面也许很好看，但是后面的麻烦就多了。你能出色完成任务，人们会以为这是情理之中的事儿，并不会给你太多的感激或者嘉奖；而你办一办砸了，他们的热情会一下子降到冰点，你在他们心目中，从此就会留下一个大言不惭、华而不实的印象。有事大包大揽，实在是有百害而无一利，绝不是一种聪明的作法。

有一个非常重要的处世经验我们必须要牢记，那就是凡事要留三分余地，任何时候都不要把话说绝。

人说话留有余地，就可以在情况发生意外变化时，自己可以从容转身，免得出现自己打自己嘴巴的尴尬。所以，很多人在面对他人的询问时，都偏爱用这些字眼，诸如：可能、尽量、或许、研究、考虑、评估、征询各方意见……这些都不是肯定的字眼。他们之所以如此，就是为了留一点儿空间，好容纳“意外”；否则一下子把话说死了，结果事与愿违，那不是很难堪吗？

自吹自擂也许一时、一事、一地可能会捞到好处，蒙别人一把，满足自己一下，可从长远来看，若养成信口开河、自吹自擂的习惯，那你必定招致周围人的讨厌，影响你事业的成功、做人的完美。

不对他人的隐私好奇，不做“是非人”

在一些社交聚会中，总有有这么一种人，在别人新朋旧友，畅叙感情之时，他们躲在一旁嘀嘀咕咕，不是说“某某这些年发展不错，资产有 1000 万了吧”，就是“听说某某正和老婆闹离婚，不是在外面有人了吧”，如此等等。本来是可以拓展人脉、提升关系的大好机会，却被这种无聊的八卦搅得一塌糊涂。

热衷于打听别人隐私的人是所有人都讨厌的。可是有些人似乎就有这么一大爱好，那就是特别注意他人的隐私，尤其是名人的隐私。那些街头小报一旦出现了有关某某名人的隐私，如“某某离婚揭秘”、“某某情变内幕”等，就很容易被哄抢一空。通过媒体窥探他人隐私当然无可非议，买八卦报纸了解八卦新闻即便助长了狗仔队不择手段地挖掘名人隐私的现象，罪过也算不到受众身上。但在与人交往中，为了避免引起别人的不快，我们一定要克服这一“爱好”，避免探问对方的隐私，更不要染上“大嘴”的习惯，成为流言蜚语的制造者。

天下之大，谈话的题材取之不尽，用之不竭，为什么一定要拿别人的隐私当作话题？这样有什么好处呢？你要明白有关别人的事情并非真实，也许还有很多隐衷不是你所能详悉的。假如贸然把你所听到的片面之言宣扬出去，当然不亚于颠倒是非、混淆黑白。说出去的话收不回来，当事后完全了解真相时，你还能更正吗？

张彤半年前准备跳槽到她已经联系好的新公司，结果却被那家公司给辞退了，后来还一直找不到合适的工作。为什么呢？原因就在于她在即将跳槽的那段时间，给自己的嘴巴彻底松了绑，让自己当了一回长舌妇，狠狠地过了把瘾。

张彤在原来公司的人力资源部工作，因此了解公司里很多人事关系，以及非常敏感的薪资问题，平时，她都会管住自己的嘴。可年终因为找到了另一家好公司，于是她管不住自己的嘴了，开始向同事们抱怨这个上司或那个上司不好，或者是说出了上次的年终奖谁高谁低等，给上司惹了不少麻烦。

她没想到的是，谈妥了的新公司竟然不聘用她了，原因就是这件事情经过原来的同事、上司的口，又逐渐在业内传开了，这也导致她在后来的求职中不断碰壁。

人生在世，你有你的是非，他有他的是非，是非总是讲不清的，甚至连自己也是分辨不清的。对是非唯恐避之不及，没有必要纠缠于分不清的是与非之中。

背地里说别人坏话是很不明智的行为，既是对他人的不礼貌、不尊重，也是对自己形象的一种损毁，害人害己。如果不巧又恰好被当事人听到，那么你就成了“活靶子”，凭空为自己招来忌恨，成了众矢之的。

一次，有位记者打电话问一位女作家，对某位艺人的婚变有什么看法。这位作家并没有发表自己的见解，她的理由是：第一，那位艺人与我素昧平生，问我实在是多余；即使是相识的，人家的婚变也不容我嚼舌。第二，我完全不明白，为什么我应该有看法。

我们在议论别人的过程中，稍不留神就会把自己的一些情绪带出来，进而就会影响自己言辞的客观和公正。如果你的圈子里的人再有那么一两个爱传闲话的人，这些话再经过添枝加叶，就会演绎成另一种版本，进而就会伤害大家的感情。为了避免出现这种情况，要注意从一开始就不嚼舌。这样做对澄清身边的是非、树立自己的形象都有好处。

再说世上没有不透风的墙，今天你和某同事说“小王能力不行，办不成事”，过不了两天话就传小王耳朵里了。世人多少有点报复心，不定哪天你被人收拾了，哭都不知道为什么。

或者你跟一个要好的同事说，怎么整治上司、如何偷懒之类的小伎俩，万一哪天他晋升了，成了你的顶头上司，又或者，你走运，成为他的主管，想一想从前说过的话，多少都会有点不自在。

更何况人与人之间的种种关系是如此地复杂，如果你不知内情的话，就不要乱说。社会上有一种人，专好推波助澜，把别人的是非编得有声有色，夸大其词，逢人便说。世间不知有多少悲剧由此而生。你虽不是这种人，但偶然谈论别人的短处，也许无意中就为别人种下了恶果，而这种恶果的滋长，是你所无法想象的。

因为自己的好奇心，却无意中成了制造矛盾的根源。对于一旦获悉的秘密，是很难忘记的。用巧妙的方法处理这样的事情，才能使自己免于祸患。如果是在偶然的机会获得秘密，装做不知道这件事情，不要使事主怀疑到你的头上。要尽量避免加入谈论他人隐私的行列，不要凡事都爱凑热闹。

我们无法控制别人去传播“是非”，那么最好的办法就看好自己的嘴，停止“是非”的传播，让“是非”左耳朵进右耳朵出，这样就会远离“是非”了。

冲动不成熟的表现，最让合作者担忧

在生活中，有的人总是拿什么都当真事儿，特别爱钻牛角尖儿。尤其是对一些鸡毛蒜皮的小事争得不亦乐乎，说着就较起真儿来于非得决一雌雄才算罢休，结果大打出手，或者闹得不欢而散、同事结怨、反目成仇。以至因小失大，后悔莫及。

在非洲草原上，有一种不起眼的动物叫吸血蝙蝠。它身体极小，却是野马的天敌。这种蝙蝠靠吸动物的血生存，它在攻击野马时，常附在马腿上，用锋利的牙齿极敏捷地刺破野马的腿，然后用尖尖的嘴吸血。无论野马怎么蹦跳、狂奔，都无法驱逐这种蝙蝠。蝙蝠却可以从容地吸附在野马身上，落在野马头上，直到吃饱喝足，才满意地飞去，而野马常常在暴怒、狂奔、流血中无可奈何地死去。动物学家们在分析这一问题时，一致认为吸血蝙蝠所吸的血量是微不足道的，远不会让野马死去，野马的死亡是因它暴怒的习性和狂奔所致。

细想一下，这与现实生活有着惊人的相似之处。将人们击垮的有时并不是那些看似灭顶之灾的挑战，而是一些微不足道的鸡毛蒜皮的小事。一些人常常被困在这些有名和无名的忧烦之中，这种忧烦一旦出现，人生的欢乐便不翼而飞，生活中仿佛再没有了晴朗的天，真是吃饭不香，喝酒没味，干工作没劲，干事业没心，玩没意思。这一切，只因为他们陷入了多余的忧烦之中。

也正是因为这些鸡毛蒜皮的小事，却消耗了人们大部分的时间和精力，严重影响了人们的生活质量，使生活失去光彩，最终让一大部分人一生一事无成。显然，这是一种最愚蠢的选择。

于嘉是一家软件公司的行政助理。她的老板姓陈，是位知识分子型的企业家，白手起家打下一片天地，如今在业内小有名气。

一次，于嘉陪老板陈先生约见一位客户，他们在茶楼边品茶边商谈合作事宜。相谈正欢，茶楼的一位服务员小姐送点心上来，他们点了三份茶点，这位服务员忙中出错，只送了两份上来。那位客户见此情形勃然大怒，一边拍桌子一边埋怨茶楼怠慢客人，把那个年轻的服务员吓得除了连声道歉再也说不出什么话来。

陈先生倒是非常平静，他只是吩咐服务小姐再补一份点心，然后又接着和客户聊起来。

回公司的路上，陈先生告诉于嘉中止与这位客户的会谈，另找合作伙伴。于嘉不解，陈先生说："他遇事太冲动，不像是能稳住大局的人，如果我们与他合作，可能会因为一些小事磨合不好而节外生枝。"

《劝忍百箴》中认为：顾全大局的人，不拘泥于区区小节；要做大事的人，不追究一些细碎小事；观赏珍贵玉石的人，不细究它的小疵；得巨材的人，不为其上的蠹孔而怏怏不乐。因为一点瑕疵就扔掉玉圭，就永远也得不到完美的美玉；因为一点蠹孔就扔掉木材，就得不到完美的良材。

有人说，你每天考虑的事情，就代表你自身的价值。如果我们每天都在考虑着那些鸡毛蒜皮的小事，我们其实就是在将自己贬得一文都不值。如果你还看得起自己，那好，就不要为那些无谓的小事浪费心神了。"大行不顾细谨，大礼不辞小让"，那些没用的小事就由它们去吧，咱还要留着有用之身干大事呢！

从1930年开始，统治埃塞俄比亚长达40年的海尔·塞拉西，年轻时原名塔法里·马康南，他出身贵族家庭，很小的时候，他就展现出充分的自信与王者之风，令身边的每一个人都称奇。

塔法里14岁便进入宫廷，他立刻给国王曼涅里克留下深刻印象，并成为他的宠儿，塔法里受到攻击时的优雅风度、他的耐性以及沉着的自信受到国王赏识。其他年轻贵族，既傲慢自大又装腔作势，而且嫉妒心强，他们总是欺压这位带着书卷气的瘦小少年。然而塔法里从来不发怒，他知道发怒是缺乏安全感的表现，而他不会屈服于这样的情绪。他身边的人已经感觉到他总有一天会成就大业，因为他的表现仿佛已经坐上了王座。

1936年，意大利的法西斯党攻占埃塞俄比亚，已改名为海尔·塞拉西的塔法里流亡国外，他在国际联盟发表演说，请求协助。听众席上的意大利代表以粗鄙的辱骂妨碍他演说，但是他依然保持尊贵姿态，仿佛完全不受影响。这使得他更受推崇，也让他的对手看起来更加丑恶。

事实上，尊严是你处在困难局势时必须要戴上的面具，仿佛任何事情都影响不了你，你拥有全世界的时间来回应，这是极为有力的姿态。

人作为群体的、社会的动物，几乎在你做每一件事情的时候，都有人在一旁观察着你、掂量着你。那么，我们应当尽量做到该精明时精明，该糊涂时糊涂，给对方一个觉着稳定的好印象，同时也铺平自己前面的路。

越是处于主动地位，越要多给人以理解和肯定

想使一个人臣服，财色诱惑和武力征服都不是最好的办法，以德服人才是上策。有许多看起来很“聪明”、很像个人物的人，就是因为那种高高在上、动辄对人指手画脚的作风，最后被摔得很惨。

春秋时期，宋国和鲁国发生了一场战争。宋国的主将南宫万由于轻敌被鲁军打败，南宫万本人成了鲁国的俘虏。后来双方讲和，南宫万被送回宋国。

宋闵公见了南宫万后，脸色很难看，言语中也着意奚落他。虽然南宫万恢复了原来的官位，可是已不得国君的宠信了，宋闵公甚至常常当着群臣的面，呼南宫万为“鲁囚”。南宫万有苦难言，只能默默忍受着屈辱。

有一天，宋闵公与南宫万下棋为乐，同时喝点小酒助兴。宋闵公赢了几局，心里很是得意，忍不住又嘲笑南宫万说：

“以前我很尊重你，提拔你为宋国大夫。但如今你只是一个从鲁国被放回来的囚徒，我怎会赢不了你呢？”说罢哈哈大笑。内侍们也纷纷起哄，“囚徒”长、“囚徒”短地嚷个不停。

南宫万早就对宋闵公经常对他当众侮辱怀恨在心，只是一直隐忍，没有发作。这次因为喝了酒，南宫万终于失去控制，一手抓起下棋用的棋盘，狠狠地往宋闵公的头部砸下去，宋闵公的脑袋顿时和棋盘一同被砸得粉碎。

南宫万既然犯下了弑君大罪，索性起兵造反。虽然叛乱最后被平定，但宋

国却也因为这场乱事，国力衰退了不少。

宋闵公以一个君王的身份，就算不再重用南宫万，也没有必要在言语上羞辱他。真正的聪明人，要学会用理智来抑制情绪，给人以足够的尊重，这样才能使大事化小，小事化无。

世上有那么一些人，待人处事常常会犯骨头太轻的毛病，“一朝权在手，便把令来行”，这是对自己的人际关系极大的伤害。你目前站在比别人的高的位置，不等于你就比他更聪明、更伟大，也不等于你就能一直稳稳地站在高处不下来。那么，就不如趁现在手里还握着聚拢人心的资本的时候，为自己打好“人心”的基础。

有一次在美国田纳西州的州长选举中，有兄弟二人双双出马竞选。哥哥以完美的微笑战术来扩大支持者的层面。

弟弟却对于这些漂亮的姿势一概不采用。当他站在讲台上时，边摸着口袋边对听众说：“你们谁可以给我一支香烟。”

结果是弟弟大胜。

能够跟大人物这么近乎地打交道，在普通人看来是一件很荣耀的事。领导者有时故意做出某个举动，把自己降到普通人的地位，甚至通过语言的印象，使对方感到格外受尊重，这是借着立场的逆转，引发出对方的虚荣心。

当时你在某一时刻、某一事件中掌握了主动权时，一言一行，都要尽量考虑到别人的感受和可能的反应。

有一个电视剧，讲述一群芭蕾舞演员应征百老汇歌剧院的舞蹈主角。经过了几天严格的审查过程，许多演员都被淘汰了。结果只留两名，又经过一番审度，到了最后，其中一人确定被淘汰了。当然评审委员不能直言相告那位被淘汰的演员，于是对她说：“你的舞艺实在不错，并且非常有潜力，将来的成就必定不可限量，但本剧所需的角色，可能不适合你。因为我们需要一位较为活泼的演员，与你的个性不太符合。但你不用担心，我们还会有新的剧本，必定会有更好的角色等待你来发挥。希望你再继续努力，等待我们的通知。”

这真是令人伤感的场面，被人拒绝是一件极悲痛的事，因为这往往显示自己的能力无法获得别人的认可，对一个人的伤害是可想而知的。不过那位芭蕾舞演员十分的幸运，虽然被淘汰了，没有得到好的角色，却没有因此伤及个人的自尊心，她心中的希望也并未因此而破灭。

让人走路时，高明的主管总是把因由推归于公司的经营状况欠佳，专业思路调整，大的市场环境等等。反正中心意思不外是：你的能力足够，只是目前对我们不太适合。即使听者心知肚明，感觉苦涩，但总算是没把一个人的自尊剥夺干净，留了个以后相见的余地。

有这样一句格言：一滴蜜汁比一加仑毒药能捕到更多的苍蝇。如果你想让一个人接受你和你的意见，首先你要让他认为你对他是非常友善的，是全心为他着想。你不能强迫别人同意你的意见，但却可以用引导的方式，温和而友善地使他屈服。讽刺和打击，不但不能显示出你的高明，你还可能为之付出沉重的代价。

不咄咄逼人，得理也要饶人

与人相处，即使你居上位、占上风，有发号施令的权力时，也不要忘了一个“礼”字。“理”是刚的，但“礼”却是柔的，二者相辅相成，通行无阻。只讲“理”而不讲“礼”，就容易出乱子。

中村是日本德川幕府第三代将军德川家光的大臣，他生性温和，思想缜密，为人处世极谙收买人心之道。当时，德川家族中有一位名叫德川秀息的将军，此人手握兵权，非常讨厌别人抽烟，于是，他在军中下了一道命令：凡是士兵抽烟者，一律斩首。

有一天晚上，几个负责守卫城门的士兵在站岗时，想到深更半夜的肯定没人前来巡查，便躲在阴暗处每人点了一根烟。哪知这一天，中村正好闲来无事，出来巡视。当士兵们发现中村时，掐灭烟头已经来不及了。士兵们心想：这下子人赃俱获，看来性命难保。一个个惊恐不安，不知所措地站在那里。

中村若无其事地走上前去，先问了一下守卫的情况，然后对他们说：“把你们刚才抽的烟拿出来，让我也抽一口，怎么样？”士兵们谁也没想到中村会有这样的要求，疑惑不解地望着中村，但还是乖乖地拿出香烟交给中村。中村接过来，津津有味地抽了几口，便把香烟退还给他们。

"没想到烟这么可口，谢谢！"说罢，转身走了。刚走了几步，他又转回来对士兵们说："今天的事，我也有份，希望今后再也不会有这种事情发生。要知道，你们的将军可是最讨厌抽烟的。"据说，自此之后，士兵们抽烟的风气居然完全消失了。

如果你对别人指手画脚，有时会激起他们的逆反心理，导致事情走向你所希望的结果的反面；若是从对方的立场出发，将他的思路引导到你的思路上来，让他站到你所搭建的舞台上，往往会更容易达到自己的目的。

有句话叫："身后有余忘缩手，眼前无路想回头。"意思是说人们风光时，凡事要留下余地，否则，一旦身陷困境，想回头就难了。

人的脚所踩过的地方，不过几寸大小，可是在咫尺宽的山路上行走时，很容易跌落于山崖之下；从碗口粗的独木桥上过河时，常常会坠入河中……这是为什么呢？是因为脚的旁边已经没有了余地。人若想在社会上站稳脚跟，就必须使自己的脚底下宽阔一些。

做事时给他人留下余地，这样不只是为他们留下了余地，更为自己留下了余地；如果我们做事不留余地，时时精于算计，事事锱铢必较，不给他人留半点余地，不甘心自己牺牲一点利益，那么与人交往时，必定是极易出现剑拔弩张的局面。

如果你必须在现场当众批评人，其态度措辞就要特别谨慎特别委婉。不能主观武断，不能夸大其词，不要生硬直露，更不要纠缠旧账。

不恰当的措辞，可能激怒对方的自我。比如：

"你必须听我的，改变那种做法，否则……"这种命令威吓很难使人心服口服，即使他可能出于下级服从上级的职位，表面服从了你，但心里一定怨恨你。命令威吓是最伤人自尊的。为什么不可以客观婉转一些呢："这种做法不符合上面的规定，会带来很多麻烦，我们看看怎样做才更好。"

"你总是……"不准确，容易把人一棍子打死，从而挫伤对方的自尊。可以这样说："你已有两次是这样做了……"最好不要纠缠旧账，一次处理一次的问题。

“你为什么这么笨?出这样的错误……”强硬、直露地指责人,发泄怨气很伤人;为何不婉转一些:“你出这样的错,可能是不小心、缺乏经验造成的,与你能力没有关系……”

在批评、纠正他人的错误之前,先要停下来,想一想如何更客观、更准确、更婉转,以便达到目的。不要直率得让人觉得你粗俗简单、容易伤人。

保全他人面子的办法是给他人留下台阶,留下退路,让他人体面地退却。

当对方已经明确表明某一态度和意见,而你要纠正他时,最好的办法是为他找一个安全合理的理由,这个理由既不使他丢面子,又可使他全面地改变自己的观点和态度。比如:“身处那种情况,我可能也会那样说。但现在情况有了变化,我们的某些观点是否也要有些变化?”

“在当时信息不全而又情急的时候,任何人都可能会出现一些偏差。现在我们掌握了较全面的情况,我们可以作出更正确的决定……”

“这事可能你不大清楚,或许是其他人放错了位置,才使你也发生了误会。”所谓“其他人”,就是把责任推给模糊的第三者,使当事人有台阶可下。

一定要记住:永远不要批评人。因为是“这件事”错了,而不是“这个人”错了。这样利于解决问题,也不会伤到“这个人”的面子。

第 13 种能力

巧妙化解尴尬场面

在社交场合，不可能我们每个人都是中心人物，你可能有遭遇冷落的时候，可能有遭遇尴尬的时候，也可能有被人冲撞冒犯的时候。

如果恼羞成怒，只能使难堪的事情更为难堪，这时不如哈哈一笑，来个将错就错，借题发挥，同时“圆”了自己和对方的面子。

受人攻击时的“三不原则”

不论什么时代、什么环境，有人出头，就有人拆台搞破坏。沉不住气的人，也许会急赤白脸地上台与来者 PK，这样一来，你先前辛苦拼搏获取地优势地位就会被动摇——只有对自己的实力没有信心的人，才会拼命保护那一点可怜的成果。这样的话就不如拿出毫不介怀的高姿态来，孰强孰弱，旁观者一目了然。另一种深层的奥妙是，所有的称赞、关怀、真诚、开放的态度，都是强者的大家气度，让人拜服的，才是真正高人。

尼克松 1952 年被共和党提名为副总统候选人，竞选期间，突然传出一个谣言，《纽约邮报》登出特大新闻“秘密的尼克松基金！”批露说：今天揭露出有一个专为尼克松谋经济利益的“百万富翁俱乐部”，他们提供的“秘密基金”使尼克松过着和他的薪金很不相称的豪华生活。

尼克松非常明白，不利舆论已经气势汹汹，单靠说明“这件事”的真相是远远不够的，他要坦诚地公布他的全部财务状况来证明自己的清白。他从青年时期开始说到现在，“我所挣的，我所用的，我所拥有的一点一滴，”他说，“我们有一辆用了两年的汽车，两所房子的产权，4000 美元人寿保险。没有股票、没有公债。我们还欠着住房的一万美元债务；银行的 4500 美元欠款；人寿保险欠款 500 美元；欠父母 3500 美元。”

“好啦，差不多就是这么多了。”尼克松说，“这是我所有的一切，也是我所欠的一切。这不算太多，但帕特（尼克松夫人）和我很满意，因为我们所挣来的每一角钱，都是我们自己正当挣来的。”到这时，他无疑已把广大听众争取过来了。

不过，尼克松是个劲头很大的人，他不愿意仅仅到洗刷自己就止步，他不仅要让公众相信他、不信谣言，还要借此机会去与公众作感情沟通，希望多数沉默的选民开口说话。

为此他进行了一次演说，演说的场所是尼克松的书房，出场人物是尼克松和夫人帕特、两个女儿及一条有黑白两色斑点的小花狗，大家相拥而坐，表现出一个充满温馨的中上等幸福家庭。对听众谈话时，尼克松不时看着妻、女、爱犬，“还有一件事情，或许也应该告诉你们，因为如果我不说出来，他们也要说我一些闲话。在提名（为副总统候选人）之后，我们确实得到一件礼物。得克萨斯州有一个人在广播中听到帕特提到我们两个孩子很想要一只小狗。不管你们信不信，就在我们这次出发做竞选旅行的前一天，从巴尔的摩市的联邦车站送来一个通知说，他们那儿有一件包裹给我们，我们就前去领取。你们知道这是什么东西吗？

“这是一只西班牙长耳小狗，用柳条篓装着，是他们从得克萨斯州运来的——带有黑、白两色斑点，我们六岁的小女儿特丽西娅给它起名叫‘切克尔斯’。你们知道，她们像所有的小孩一样喜欢那只小狗。现在我只要说这一点，不管他们说些什么，我们就是要把它留下来！”

美国人爱狗是有名的，尼克松得到的唯一礼物就是一只小狗，何况那是送给六岁女儿的，为了孩子，这是他唯一要“保卫”的东西。还有比这更富有人情味的吗？还有比这更令普通选民情感相通的吗？何况，那只可爱的小花狗正依偎在尼克松六岁女儿的怀里呢……

支持的电报和信件雪片般飞来，尼克松出色地利用真诚抬高了自己的身价，化解了危机，赢得了民众支持。

在工作或社交场合，我们不可能总是听到花团锦簇的“好话”，面对逆耳之言，能安之若素最好，否则，也决不能逾越下面所列举的三个底线。

1. 不失态

当逆耳之言向你袭来的时候，在某种意义上正是考验你做人态度和处世修养的时候。一般来说，逆耳之言会在我们的内心激起强烈的反应，这种反应又会表现在面部表情上。应该说这种内心和外表的变化都是正常的，但是这种变化应该有个限度，如果超出这个范围，就是表现失常，这种失常的表现就是失态了。一个人的失态往往是在感情冲动的情况下发生的，严重者会失去自控能力。

2. 不失言

听到逆耳之言，感情一冲动、一失态，紧跟而来的就是失言。失言只能引起激烈的争论，使矛盾升级，这样很容易伤害对方的感情，同时也造成自伤。建立相互信任难，破坏这种信任则很容易，而一旦要重新建立就更难了。在人为地造成尴尬的局面时，应以一种相互谅解和理解的方式进行沟通。听到逆耳之言时，应冷静地多想想对方的话是否有根据，应采取一种得体的方式作答。

3. 不失礼

失态、失言必然会带来失礼。平心而论，对你提出意见和看法，本身就是对你的一种尊重，你应该对他表示感谢。至于对你有某些误解，你可以通过努力去改变和消除，如此方显大度，不失礼于人。

做人要有平和的心态：对逆耳之言，能够接纳；对悦耳之言，能够自持。这才是干事业的人应持的态度。

见招接招，永远都给自己留条路

我们与人交往，什么样人都可能遇到，时不时受点儿冲撞和冒犯也是属于正常范围。这时候你采用怎么的方式去应对，是对你处世水平的考验。

一味以硬碰硬，不但会无端浪费时间精力，也不利于聚拢人心积累人脉；太软了当然了不行，欺善怕恶是人性的弱点，总是当“软柿子”也不会有人瞧得起。

那么，该如何应对一些过分的言辞呢？见招接拆招是最基本的法则。

某业余大学中文班开学第一天开了个座谈会。首先，学员作自我介绍。当轮到来自农村的牛力时，他刚说了句：“我姓牛，来自乡下……”不知谁小声说了句：“瞧，乡下小牛进城喝咖啡了！”许多人都笑起来了。牛力先是一愣，但很快就镇定下来，说道：

“是的，我是来自乡下的小牛。不过，我进城是来‘啃’知识的，以便回乡下耕耘。我‘吃的是草，挤出来的是奶和血’。我愿永远做家乡的孺子牛！”

话音刚落，大家热烈地鼓起了掌，为牛力精彩的讲话喝彩。牛力用自己的机敏，顺着那位同学过分的玩笑话，引用鲁迅的名言，不但摆脱了尴尬的场面，而且表明了自己做人的准则，为自己赢得了喝彩。

当有人对你开的玩笑带有一定的侮辱性质，而开玩笑的人又不是恶意刁难你的时候，如果你能顺着对方的话，再借题发挥一番，反而把他的话变成你用来褒奖自己的话。

一个聪明人在与人际交往的过程中，是从不会把话说绝、说得自己毫无退路可走的。在做人方面，即使有人得罪了你，也不要口出恶言，更不要说出“势不两立”之类的话。没有永远的朋友，也没有永远的敌人，将来谁能用到谁，都是不一定的事儿。

对人不要太早下评断，像“这个人完蛋了”、“这个人一辈子没出息”之类属于盖棺论定的话最好不要说，人一辈子很长，变化很多呢！

一般场合中，在要发表自己的意见时，你可以先说“你的某某事做得挺好，效果、反映都不错”，然后，你再用“就是”、“但是”、“不过”等来做文章。谁都知道“但是”后面的才是真正要说的话，但前面的话一定要说，因为在中国它不是假话，也不是废话，而是为营造一种和谐气氛的客气话。你若直来直去，对方必然会觉得你扫了他的面子，心中会大起反感。所以，“曲线救国”，拐弯抹角的话少不了。

梁先生是河北人，多年在内蒙做羊毛生意，当地许多做畜产品生意的小收购站，都愿意给他提供货源，一直以来，大家合作愉快。

今年梁先生又一次到内蒙联系货源时，一家在当地颇有实力的公司派代表找他谈生意。对方表示，他们有力量包揽那边的羊毛生意，希望梁先生放弃和那些小收购站的联系，两家联手做，可以很好地控制价格，这样对双方都有利。

这看起来是件好事，但是梁先生明白，内蒙的这一地区是他多年辛苦经营的根据地，若只为自己的眼前的利益，被以往的合作者和下面的百姓千夫所指，以后在这地界儿上就不好混了。

不答应吧，对方公司在当地底子很厚，和一些政府部门也有关系，断然拒绝，就有些太不给面子了。

经过一番考虑之后，梁先生和对方代表说："我们'在商言商'，贵方这样好的条件，在我是求之不得。不过，这边的情况，你们肯定比我还了解得清楚，那么多的生意人，都靠这一行吃饭，打了他们的饭碗，万一弄出点儿事儿来，咱们双方都有损失。"说明白了问题，梁先生话锋一转，又推心置腹地说道："贵公司做事，是大手笔，我本人是非常佩服的。等我同各方面筹划出一个妥当办法出来，只要不起风潮，我一定按你们的计划，只跟贵方一家订约。至于额外的利益，都是贵公司的。"

这番话说得很漂亮，但是对方代表也是老于世故的人，心知梁先生的"妥当办法"，花几年的工夫也未见得能筹划得出来，那么，他听说的什么"只跟贵方一家订约"，等等，无非是有名无实的"口惠"而已。

话虽如此，他仍能梁先生体谅的苦心，明明是办不到，或者说他不肯昧自己的良心，不顾利害去做的事，有他刚才前半段的话，也就够了，而且还有后半段的补充，是一种很尊重客人的表现，其意还是可感的。

因此，他深深点头说："梁先生真是明理的人，我总算也是不虚此行。"

在我们与他人的交际和交谈中，由于彼此的立场、观点和利益不同，所以我们常常必须拒绝或回绝对方的一些要求和想法。这种拒绝或回绝对我们是必须的，不能不说，不能不做，但是我们也会因为这种拒绝或回绝，而让对方受不了或吃不消，弄得很尴尬。对于这种立场、观点和利益的问题，乍看起来似乎是一些无法回避的问题，势在鱼死网破。其实也不尽然，遇到这种情况，我们也可以不直接回话、不直接做事，我们可以用一种比较温婉的方式和说法，让对方比较容易接受一些，情绪较少受到刺激。

做不成朋友的，尽量不要做冤家，留个"活口儿"，留份儿人情，山不转水转，没准儿以后大家又会在一起合作呢？

被人挤兑是常事，哈哈一笑就过去了

很多没有处世经验的人做事是很“硬气”的，受不得折辱，吃不得口头亏，一言不和，则拍案而起。

这种作风实在要不得，认真想一下，在这场争论中，你输了，情形会更难看；即使你赢了，赢的也是一种表面胜利，对你的实际利益、你的长远发展并没有一点儿好处。

我们在现实生活中，对于那些有权有位的大人物或者是在某次事件中处于主动地位的人，你宁可受些小小的难堪也要维护他们的尊严。这样，他们对你或多或少总会有一些心理负担，这就是你达到自己目标的引子。

有些推销员在推销产品时，打的就是“跑断腿，磨破嘴”的感情牌。在推销产品的时候，他们经常遭到客户的拒绝，可是过了一段时间以后，推销员又毫不气馁地来了。若客户说：“我们没有购买的意思，你再来多少次都是没用的，所以，我劝你不要浪费口舌了。”推销员却毫不在意，仍然鼓起精神，笑着说：“请别替我担心，说话跑腿，是我的职责，若你能给我一些时间，听我解释解释，我就知足。”客户看见推销员汗水淋淋，却仍然一脸的笑容，不买就感到过意不去了，因此买了一些。

下雨天、下雪天更是推销员上门的好日子。外边下着雨，别人都坐在家中，可是推销员却站在门口，无法不使人们产生同情心，因此很难拒绝。尽管人们都知道，这是推销员采取的计策。可是毕竟他这么做了，对此你真能无动于衷吗？

这种推销方法巧妙地利用了人们的感情，其实不想购买的人，也产生了“再也不能叫他白来了”的想法，使人们有一种心理负担，客户往往会想：“推销员如果多跑几个地方，可能产品早就已经推销完了，可是他却经常来这里，使他花了很多宝贵的时间，若不买他的产品，就有些对不起人呀。”这属于加重人们心理负担的推销办法。

若想使人们做出大幅度的退让，就应该让人们多积累一些微小的心理负担，当人们的心理负担扩大到一定程度的时候，人们就会做出让步了。

1808年秋，拿破仑与亚历山大一世在埃尔富特举行第二次会晤。这次会晤，是拿破仑为了避免两线作战，以法俄两国的伟大友谊来威慑奥地利。消息传到俄国宫廷，激起一片抗议声。皇太后在给亚历山大的信中说："亚历山大，切切不可前往，你若去，就是断送帝国和家族，悬崖勒马，为时未晚，不要拒绝你母亲出于荣誉感对你的要求。我的孩子，我的朋友，及时回头吧。"

但亚历山大却认为，目前俄国的军事力量仍然弱于法国，还不足以抗击拿破仑的军队，因此必须佯装同意拿破仑的建议，应该造成联盟的假象以麻痹之。俄国要争取更多的时间妥善做好战争准备，时机一到，就从容不迫地促成拿破仑垮台。

来到埃尔富特后，亚历山大有意地在拿破仑面前恭言卑词，在两个星期的会晤中，亚历山大与拿破仑形影不离。有一次看戏，当女演员念出伏尔泰《奥狄浦斯》剧中的一句台词，"和大人物结交，真是上帝恩赐的幸福"时，亚历山大居然装模作样地对拿破仑说："我在此每天都深深感到这一点。"

又一次，亚历山大有意去解腰间的佩剑，佯装自己忘了佩带，而拿破仑把自己刚刚解下的宝剑，赐赠给亚历山大，亚历山大装做很感动，热泪盈眶地说："我把它视为您的友好表示予以接受，陛下可以相信，我将永远不举剑反对您。"

1812年，俄法之间的利益冲突已经十分尖锐。这时亚历山大认为俄国已做好军事上的准备，于是借故挑起战争，并且打败了拿破仑。

事后亚历山大总结经验教训时说："波拿巴认为我不过是个傻瓜，可是谁笑到最后，谁笑得最好。"

亚历山大以一国之尊，在对手面前几近卑躬屈膝，这个弯儿不是一般人能转过来的。他之所以能做得极为到位，是因为心存一种"笑到最后"的念头。以一个不甚恰当的例子说，那些成名的演员，心知演什么角色，都是生存和事业的需要，脱下戏服，我还是我。所以演员可以演奴隶、演小人，演一切厚颜无耻的角色，演得越像，自己未来的前景就越光明。在现实中也一样，谁说自己一向按本色生活，遵从心灵的喜恶行事，他可能是圣人，更可能是个谎言的制造者。

我们的人生，不可能总是处于顺境，每一个愿意向上攀越的人，都逃不掉拿自己的热脸面去对人家冷遇的尴尬，这对自己的自尊心是一次挑战。此时我们应把看问题的角度变一下，不要光想着自己的感受，还要看到比这更重要的东西，比如金钱、事业、职责、使命等等。有了这种思想，对自尊就有了控制力，即使受到刺激，也不至于脸红心跳，甚至可以不急不恼，哈哈一笑，照样与对手周旋。

近藤廉平刚进三菱公司时，因近藤出身世族名门，又是日本有名的剑士，要他对顾客恭恭敬敬，低声下气就觉得很为难了。

于是岩崎就给他一把贴满钞票的扇子说："我们生意人，在这唯利是图的时代，所谓和气生财，越能低头越会赚钱。笑脸迎人，低声下气，都是为了钱。所以你要对人低头时，认为他是一堆钞票，一低头，它就会飞进你的口袋，这样你就不会感到向人低头很不自然，难以忍受了。"

你有你自己的优势，而在你实力不足的领域之中，你就需要求别人办事以解决自己的问题。正如你找医生看病要付钱一样，你找别人办事就要付出一定的外在面子，这是你向对方显示低姿态的一种具体的代价。做事情总是要付出代价的，没有付出就没有收获。

犯了错误，找借口不如真诚地表示歉意

与人交往，难免说错话、做错事，也就难免得罪人，有时甚至给人家带来精神上的巨大痛苦和经济上惨重的损失。对此，若是能及时认识到自己的错误，诚恳地向人家道歉，并主动承担责任，一般情况下，总是能得到别人原谅的。

著名节目主持人李咏，在做《幸运52》节目时，即兴发挥，说了一句调侃

的话："八百里秦川尘土飞扬，三千万懒汉高唱秦腔。"正是这句玩笑话中的"懒汉"两字，激起了观众，尤其是陕西观众的强烈抗议。

其后，李咏在自己博客中郑重道歉，他说："作为一名工作多年的主持人，我当然明白观众对我意味着什么，所以此时此刻，我再说什么临场发挥、即兴调动等等的解释都是很苍白的，都无法表达我此时此刻的不安。我现在唯一能做的就是要向那些因为我说的话而受到伤害的观众朋友，表示深深的深深的歉意。"

这篇博客贴出后，20小时内收到1000余条回复，超过一半的留言表示可以原谅他。李咏金牌主持人的形象，总算没有受到太大的损伤。

认识到错误的正面价值之后，我们就不会再对自己的过失拼命掩饰。正视自己的错误，就等于重新审视了自己。只有勇敢地承认自己的不足，在错误中找到成功的经验，才可以使自己今后不再犯同样的错误。这就如同一个人不会被同一块石头绊倒两次是一样的道理。

有一个公司的老总，当他在一次内部会议上宣布改变公司的战略计划时，一个股东大声说："您5年之前并不是这样主张的呀！"

这位老总的答复是："是的，那时我的学识还不够，我错了，现在我进步了。"他并不说什么"但是"、"假若"或逃遁之词，而是发表了一个坚强、有头脑的人坦诚的自白，表现了他能与时代同行的精神。最后，他赢得了股东的一致支持。

如果犯了错误，就必须向别人承认。与其找借口逃避，不如勇于认错，在别人还没来得及把你的错误到处宣传之前，尽早对自己的行为负起责任，这样便不至于损害自己的形象。

假如我们知道自己势必遭受责备时，自己先责备自己，这样岂不比受别人责备好得多？听自己的批评，不比忍受别人的斥责更容易些？如果别人正想要批评你，在他有机会说话以前你自己先说出来，他多半会采取宽容、原谅的态度，人性就是如此，当你开始承认错误时，会给对方一种自负感，也能让他变得特有人情味。

卡耐基喜欢带着他的小猎狗去公园散步，和它一起玩耍。有一天，一位警察告诫他带小狗外出一定要按照规定给小狗系上链子或戴上口罩，卡耐基答应了。

第二天，他的确给小狗戴上了口罩，可是他的小狗不喜欢戴口罩，总是试图把口罩弄掉，显得很烦躁。卡耐基爱狗心切，便决定碰碰运气，不再给小狗戴口罩。一开始相安无事，小狗不戴口罩玩得很高兴，卡耐基也很高兴。可是，一天下午，卡耐基和小狗在一个小山坡上赛跑，突然又碰上了警察。那位警察跨在一匹黑色的马上，而小狗好像一点都不知道危机就要降临，直直地朝那位警察跑了过去。

这下可糟了，卡耐基心里想。他决定不等警察开口质问他，就先发制人。他说："警官先生，这下你当场逮住我了。我有罪，我没有什么好解释的，我也没有借口。你上星期警告过我，若是再带小狗出来而不替它戴上口罩你就要处罚我。"

警察听卡耐基这么说，反而温柔地安慰起他来："这么可爱的一条小狗，我知道谁都忍不住想要带它出来玩。"

"确实是忍不住，"卡耐基回答，"但我知道，这是违法的。"

"这样一条小狗大概还不至于咬伤人吧！"警察反而为卡耐基开脱道。

"不会咬伤人，但它可能会咬死松鼠。"卡耐基说。

"我想你大概把事情看得太严重了。"警官对卡耐基说，"这样吧，你只要带着小狗跑过小山，到我看不到的地方，事情就算了结了。"

卡耐基的这个故事告诉我们，主动而热诚地承认错误，比你去否认、去争辩要有用得多。警察也同样是平凡人，同样想要他的自尊和虚荣心得到满足。当卡耐基主动责怪自己的时候，实际上就已经让警察觉得自己是一个重要人物，他的自尊已经得到了极大的满足，而在这个时候，能够让自己的形象更加高大的方法，就是用宽容的态度来宽恕别人的错误，表现慈悲。所以警察反而开始站在卡耐基的立场上，为他开脱责任，整件事情就在和谐的气氛上结束了。

如果你犯的是大错，那么此错必尽人皆知，你的狡辩只是"此地无银三百两"，让人对你心生嫌恶罢了；如果所犯之错证据确凿，你虽然狡辩功夫一流，但责任还是逃不掉，那又何苦去狡辩呢？如果你犯的只是小错，用狡辩去换取别人对你的嫌恶，那更划不来。

诚实认错，坏事可以变成好事。

姑且不论犯错所需承担的责任，可不认错或狡辩对自己的形象有很大的破坏性，因为不管你口才如何好，又多么狡猾，你逃避错误的做法换得的必是“敢做不敢当”、“没担当”之类的评语。之后，别人不敢信任你，甚至“怕”你三分，更因怕哪天你又犯了错，把责任推得一干二净，于是抵制你，拒绝同你合作。

倘若你发现自己错了，又不能及时向别人道歉，甚至千方百计找借口为自己辩解，其结果不仅得不到别人的谅解，相反，还会受到道德上的谴责和人格、形象上的损害，使你失去朋友、失去友谊。

不和人发生面对面的冲突，否则谁都不好下台

有人总想与人较劲，这是一种很不好的做人品质，当然也是很不好的做事方法。善于处世者时刻以减少辩解为良策，面对冲突，因为太过“认真”，反而是前进的障碍。

爱讲死理的人，即使是一些鸡毛蒜皮的小事，他们往往非要争出个子丑寅卯来不可。殊不知，当他们沉醉在一种良好的感觉里时，旁边正有人嘲笑他气量太狭，难当大事。

孔子带众弟子东游，走得困乏了，肚子又饿，终于到了一个酒家门口，于是孔子吩咐一弟子前去向老板要点吃的，这个弟子很听话，二话不说，径直走到酒家跟老板说：“我是孔子的学生，我们和老师走累了，恳请您给点吃的吧。”老板回答：“既然你是孔子的弟子，我不妨考你一考，我写一个字，如果你认识的话，随便吃。”于是写了个“真”字，孔子的弟子想都没想就说：“这个字太简单了，‘真’字谁不认识啊，这是个‘真’字。”不料老板听后大笑道：“连这个字都不认识还冒充孔子的学生。”吩咐伙计将这个“冒牌货”赶出酒家。

孔子看到弟子两手空空垂头丧气地回来，问后得知原委，于是亲自上

前，对老板说："我是孔子，走累了，想要点吃的。"老板也要考考他，于是又写了个"真"字，孔子看了看，说这个字念"直八"，老板大笑："果然是孔子，你们随便吃！"

弟子纳闷极了，问孔子："这明明是'真'嘛，为什么念'直八'呢?"孔子说："这是个认不得'真'的时代，你非要认'真'，岂能不碰壁?处世之道，你还得好好体味呀！"

这虽是个杜撰的故事，但也说明了一个道理，那就是做人不能太较真。

做人固然不能玩世不恭，游戏人生，但也不能太较真，认死理。太较真了，就会对什么都看不惯，连一个朋友都容不下，把自己同社会隔绝开。生活中，那些活得潇洒自在的人，都是遇事不钻牛角尖儿、该糊涂时不较真的人。

把事情弄得太明白就容易伤感情，不如让它稀里糊涂地过去，这样你好他好我也好。

有时候，一件事情本身的是是非非其实并不重要，重要的是我们所要达到的目的。比如顾客和售货员为谁应负责任争得脸红脖子粗；走了冤枉路的乘客和司机为谁没说清楚而大动干戈。最后，事情越闹越大，该退的货没退成，该节约的时间没节约，双方还都憋了一肚子的气。何苦呢?有人说，我就要争这个理儿。是的，争下一个"理"，的确有一种胜利的感觉，但你想没想到过争这个理儿的代价呢?

反而是不争辩，放弃无谓的辩解，有时却能带给你意想不到的结果。下面是美国职员克多尔讲的关于自己的一个很好的例子：

"您好！"我对老总说，"昨天我交给您的文件签了吗?"老总转动眼睛想了想，然后翻箱倒柜地在办公室里折腾了一番，最后他耸了耸肩，摊开两手无奈地说："对不起，我从未见过你的文件。"如果是刚从学校毕业的我，我会义正词严地说："我看着您的秘书将文件摆在桌子上，您可能将它卷进废纸篓了！"可我现在才不会这样说呢。既然老总能睁眼说瞎话，我又何必与他计较呢?我要的是他的签字。于是我平静地说："那好吧，我回去找找那份文件。"于是，我下楼回到自己办公室，把电脑中的文件重新调出再次打印，当我再把文件放到杰克先生面前时，他连看都没看就签了字，其实他比我还清楚文件原稿的去向。

是的，这就是我在与上司发生冲突时的解决方式。我不赞成在冲突发生以后一走了之，因为在新环境里还会出现老问题，到那时你又怎样呢？我也不赞成为了争口气大闹一场，因为吵闹不能解决问题，反倒有可能断送了职位，还是实际些吧！说到实际，谁是谁非也并不重要，可能即便我对了上司错了，我也会开动脑筋为上司寻找一个下台的台阶，无论如何解决冲突的前提是合作！

主动言和，你可以当做是好汉不吃眼前亏，但它还包括更深的层面：主动言和是运用智慧寻找冲突的最佳解决方案，使问题最终得以处理。在处理冲突的问题上应该冷静，绝不能像个孩子一样在冲突中放任自己，要运用自己的智慧和团队精神与上司及同事尽量合作，让他们发现你其实是个理想的合作伙伴，这样做的同时也就给自己创造了一个良好的工作空间。

会做事的人都明白“放弃也是一种成功”的道理。有些事情，假如你非要辩解清楚，不仅达不到目的，反而会让自己心力交瘁。

要真正做到不较真、能容人，也不是简单的事，需要有良好的修养，需要有善解人意的思维方法，需要从对方的角度设身处地地考虑和处理问题，多一些体谅和理解、多一些宽容，就会多一些和谐、多一些友谊。

无法启齿的事不妨装装糊涂

每个人都希望在社交应酬中从容不迫、洒脱大度，但是，在现实生活中常常会遇到一些叫人尴尬的场面，这类事一般都发生得很突然，并且出乎意料，由于思想上没有足够的准备，因而显得有些手足无措。不仅自己不自在，而且别人也不自在，结果气氛凝滞，不会给人留下好的印象。

我们可能会遭遇尴尬，或是碰到一些意想不到的事情，或是自己言语失态，或是周围环境令自己始料不及，或是遭遇冷场，或是遇到别人的责难，恶意冒犯与蛮不讲理，等等。在这些场合下，有必要随机应变，运用语言技巧，摆脱尴尬，走出窘境。有经验和智慧的人能够借助于语言技巧化被动为主动，驾驭各种尴尬场合，维护自己的人格与形象。

美国前总统克林顿被记者围攻，记者问："总统，您对与莱温斯基小姐绯闻的报道作何评价？"克林顿从容不迫地答道，"取笑我的话已经被世人说尽了，再也没人能说出新鲜的了。"语言既尖锐又圆润，自嘲中带有反攻，一下子把球抛到了记者手中，话外音是："你们谁有本事说出点新花样来？我洗耳恭听。"果然，满场记者顿时语塞。

克林顿的回答堪称自嘲法之典范。试想克林顿若表现出抵触情绪，或赤裸裸地拒绝回答记者提问，必然招致媒体驳难四起，引发起一轮更猛烈的进攻，那样只会使自己处于更加被动的地位，他仅略施小技，就使得记者认输，再也无心恋战。

若是遇到不合理的问题，不好正面回答时，可以给个似是而非的答案，可以空泛地回答，也可以转移话题，巧妙回避。

实习期间，一位实习老师在黑板上刚写了几个字，学生中突然有人叫起来："实习老师的字比我们李老师的字好看！"

真是语惊四座，稚幼的学生哪能想到：此时后座的班主任李老师该多么尴尬！对这位实习生来说，初上岗位，就碰到这般让人难堪的场面，的确使人头疼。以后怎样同这位班主任共渡实习关呢？怎么办？转过身来谦虚几句，行吗？不行！这位实习生灵机一动，装做没有听到，继续写了几个字，头也不回地说：

"不安安静静地看课文，是谁在下边大声喧哗？"

此语一出，后座的李老师紧张尴尬的神情，顿时缓解多了，尴尬局面也随之消除。

这里的实习老师巧妙地运用了"装聋作哑"的技巧，避实就虚，避开"称赞"这一实体，装做没有听清楚，而攻击"喧闹"这一虚像。既巧妙地告诉那位班主任"我根本没有听到"，又敲打了那位学生的称赞兴致，避免了学生误认为老师没有听见可能再称赞几句，从而再次造成尴尬的局面。

现实生活中，常常有人说话不自觉地就问到了禁忌之处，比如有人问到了你的工资，可是你觉得这是个人隐私，又不好指责他不该问，就可以说"刚刚维持生存啦”、“算是进入小康了”等空泛的概念，或者可以说：“和你的差不多。”这样说话既不会得罪人，也没有说出自己不愿说的话。

如果对方提出的是我们不能回答或不想回答的问题时，我们可以巧妙地利用其他原因转移话题，让对方无法得到想知道的答案。

世界著名男高音歌唱家帕瓦罗蒂不愿把自己的体重公开，于是，当有人问他现在体重多少时，他说：“比过去轻。”再追问他过去多重时，他说：“比现在重。”他用的是和对方绕圈子的技巧，绕来绕去，最后对方还是什么信息也得不到。

其实不管闪烁其词也好，答非所问也好，还是打岔，跑题也好，其目的都一样，就是避重就轻。但这几种方法的共性就一个，那就是假装糊涂。因为只有假装糊涂才能闪烁其词，只有假装糊涂才能答非所问，同样，也只有假装糊涂才能打岔，才能取得你所需的效果。

当你处在窘迫中时，大的方向是必须明辨事理，说话得当；从实际出发，视情况而定，有什么情况就采取什么行动。既要解决难题，又要让双方都满意，但有一点要特别注意：如果有人故意要跟你过不去，给你制造种种麻烦时，你千万不要生气，大动肝火，如果不能控制自己的情绪就只会激化矛盾，扩大事态，结果二虎相斗，两败俱伤。所以此时你既不能感情用事大发雷霆，也不能张口结舌，无所适从，唯一的办法是：头脑冷静，控制情绪，运用办事的技巧，特别是以你的应变术去对付。

某医院的护士小张长得漂亮又机灵，大家都很喜欢她。

这天下班，办公室年轻的郑医师对她说：“小张，一同去吃饭好吗？我有一件很重要的事想跟你说。”

小张立刻就明白了“重要”的含义。于是她笑着说：“好哇！我也正好有事情要你帮忙呢。”郑医师一听高兴极了，放松了心情说：“行，只要是帮你的忙，我一定两肋插刀。”小张又笑了：“可没那么严重。只不过是男朋友脸上生了几个青春痘，我想问你怎么治疗效果比较好？”

运用这样幽默含蓄的推辞方法，一般情况下都很有效，这样既可以达到自己的目的，也不至于伤了求爱者的自尊。

对于一些敏感性问题，提问者一般不直接就问题的本质提出质疑，而是从其他貌似平常的事情着手，旁敲侧击地进行诱导性询问。这时，我们可以故意装做不懂对方的真正用意，而站在非常表面的、肤浅的层次上曲解其问话，并将这种曲解强加给对方，使对方意识到我方有意的误解实际上是在表达委婉的抗议和回避，从而识趣地放弃自己的追问。

在千变万化的生活中，什么样的怪问题都可能碰到，而对付这些怪问的最佳方案，就是做出迅速灵巧的变通，切不可被对方的问题困死陷于被动。

善于自嘲，不伤人也不丢自己的面子

“自嘲”算是语言运用中的一个较高境界。自嘲是缺乏自信者不敢使用的技术，因为它要你自己嘲弄自己，也就是要拿自身的失误、不足，甚至生理缺陷来“开涮”，对丑处、羞处不予遮掩、躲避，反而把它放大、夸张、剖析，然后巧妙地引申发挥、自圆其说，博得别人一笑。没有豁达、乐观、超脱的心态和胸怀，是无法做到的。

自嘲实质上是当事人采取的一种貌似消极，实为积极的促使谈话向好的方向转化的手段。“醉翁之意不在酒”，表面上是嘲弄自己，其实却另有深蕴。所以，自嘲在许多场合具有特殊的表达功能和使用价值。

因为人心是很奇特的，当对方发现你已承认自己的错误时，便不好再予以责备，这就叫“巴掌不打自嘲人”。

争论时你有点激动，措辞生硬，声音太大，对方已显不悦，此时应当赶紧刹住话匣子：“对不起，我这个人容易激动，刚才真成一只斗鸡了。”对方一定会付之一笑，忘掉刚才的不快。

运用自嘲的方法，在很多情况下还要以挽回语言伤人的损失。

比如，在一个残疾人面前大谈健康人的优势，还提到残疾人所无法从事的工作，使他产生极大不满，此时可以这样救场：“哎，话说回来，健全人未必就强。霍金坐在轮椅上，却是科学巨人，名扬天下。像我这样的人，四肢发达，头脑简单，一辈子也没做成什么事……"

有时你陷入难堪是由于自身的原因造成的，如外貌的缺陷、自身的缺点、言行的失误等等，自信的人能较好地维护自尊，自卑的人往往陷入难堪。对影响自身形象的种种不足之处大胆巧妙地开玩笑，能出人意地展示你的自信，在迅速摆脱窘境的同时显示你潇洒不羁的交际魅力。如果你能结合具体的交际场合和语言环境，把自己的难堪巧妙地融进话题并引出富有教育启迪意义的道理，则更是妙不可言。

一位老师普通话不过关，有一次上语文课，讲到某一问题要举例说明时，把"我有四个比方"说成了"我有四个屁放"，一时教室里像炸开了锅，学生笑得不可收拾。老师灵机一动，吟出一首打油诗："四个屁放，大出洋相，各位同学，莫学我样，早日练好普通话，年轻潇洒又漂亮。"老师的机智幽默赢得了学生的热烈掌声。

一个光头者，当别人称他"理发不用花钱"时，他当场变了脸，使一个原本比较轻松的环境变得紧张起来。

一位演讲的教授，也是一个光头，他在自我介绍时说："一位朋友称我聪明透顶，我含笑地回答：'你小看我了，我早就聪明绝顶了'。"然后他指了指自己的头说："我今天演讲的题目是外表美是心灵美的反映。"教授就这样开始了自己的演讲，整个会场充满了活跃的气氛。

尴尬是生活中遇到处境窘迫、不易处理的场面而使人张口结舌、面红耳赤的一种心理紧张状态。在这种时候，如果能调整心态、急中生智，以戏谑来冲淡它，应该可以收到良好的效果，从而化解你和他人的紧张气氛。

一次，美国前总统里根在白宫钢琴演奏会上讲话时，夫人南希一不小心连人带椅跌落在台下地毯上，观众发出惊叫，但是南希却灵活地爬起来，在众多宾客的热烈掌声中回到自己的座位上。正在讲话的里根看到夫人并没有受伤，便插入一句俏皮话："亲爱的，我告诉过你，只有在我没有获得掌声的时候，你才应该这样表演。"

如果会拿自己玩笑，试问有谁会大力反对？美国社会学家麦克·斯威尔说："在别人嘲笑你之前，先嘲笑你自己。你不妨把'自己'当做嘲笑的对象，不但可以消除紧张、焦虑的情绪，更可以提升自我的修养。"一个人要承认自己的“缺点”实在不是一件容易的事。要知道，人总是有不完美的地方，坦白承认自己的缺点，就能把“缺点”化为个人独有的特点。

“金无足赤，人无完人”任何人都免不了都有点这样或那样的毛病，如果自己不怕丑，自己的孩子自己打，不但能堵死别人想借机要弄你的路，相反，自嘲的话又能将劣势变优势，取得意想不到的效果。

适时适度地自嘲，不失为一种良好的修养、一种充满魅力的交际技巧。人际关系中，在人前蒙羞、处境尴尬时，用自嘲来对付窘境，不仅能容易找到台阶，而且能产生幽默的效果。所以自我解嘲，让自己笑，同时让大家笑，是一种很高明的脱身手段。

附录

结交陌生人，建立你人脉的 CRM 系统

广泛与人交往是机遇的源泉。交往越广泛，遇到机遇的概率就越高。有许多机遇就是在与朋友的交往中出现的，有时甚至是在漫不经心的时候，朋友的一句话、朋友的朋友的帮助、朋友的关心等，都可能化做难得的机遇。

为了建立起四通八达的人脉关系网，把关系用得更为得心应手，我们有必要学习一种“科学”的人脉管理方式。

客户关系管理系统(CRM)是选择和管理有价值客户及其关系的一种商业策略，其根本目的就是通过不断改善与客户的关系、互动方式、资源调配、业务流程和自动化程度等方面，从而达到降低经营成本，提高企业销售收入、客户满意度和员工的生产力。

在人脉网络的建立过程中，你也可以利用 CRM 系统的原理来管理你的人脉资源，以稳固现有的人脉为前提，以拓展新的人脉为支撑，以维系良好的人脉互动为原则，以人脉互动所产生的成果为目标，使个人的人脉资源实现网络化、最大化和效益化。

好记性不如烂笔头。你可以利用卡片的形式来记录你所认识的人的种种重要资料，这虽然是一项浩大的工程，但是花在上面的每一分钟都是值得的，首先从你已经拥有的资料着手。

打开你的名片夹或钱包，取出你收集的所有名片，把这些名片整理起来备用，这时准备工作已经完成了。

现在，我们从姓名和地址开始，你必须先确定名字的书写是否正确，同时你还可以写下任何昵称、绰号和可能用到的每一个地址。

家人，你所有的亲戚，包括你的姻亲。很快你就能发现这已经不是一个家庭而是一个家族了。即使你的名单上只有10个人的名字，可如果每一个在你名单上的人他们的名单上也有至少10个名字的话，那么，你就已经拥有一个包含100人的人脉网络了。

有生意往来的人，继续整理你的联系人名单，你的理发师、会计师、保险经纪人、医生、律师……如果你曾经介绍过生意给他们，记得在他们的名字前打个勾。

名单已经挺长的了吧，其实你已经拥有了一个金矿正等着你去开发呢。

生意之外认识的人，也就是你的朋友、同事、邻居、同学、同一个俱乐部的会员等，写出你和他们都参加过的活动，找到他们间的共同点。

下一组就是：敌人、竞争对手以及从前的朋友。你最需要了解的人就是你的敌人，而一旦情况有变，他们也有可能为你带来最大的好处，这些人在你的人脉网络中都是无价的，必须时刻保持与他们的联系。

另外，在整理名单时，别忘了你以前的客户以及你的老板，当然还有那些老板的老板，他们会扮演非常重要的作用。

现在，你可以去完成这个名单了，别忘了还有刚才放在旁边的那堆名片。

下面这些是你的人脉网络档案中所需要的其余各项资料：

1. 日期

你必须知道建立这份档案的时间。每当更新的时候，把旧的日期划掉，填入新的日期。如果在这个新记录中日子里发生了很特别的事情，也应该记录下来。

2. 电话、传真、E-mail或网站

只有电话号码是不够的。有的人就从不回电话，但他会立即回E-mail,所以,你不仅需要电话号码,还要尽可能知道有关他的其他通信方式。

3. 对方的职务

尽量及时更新这项资讯,以方便你联络时使用。一听到某人升迁或更换工作,一定要尽快表示祝贺。

4. 对方的公司

由于对方在收到信件时,第一眼看到的便是姓名、职务、公司名称或地址,所以,收件人的资料一定不能搞错。若是不留意这些有关的细节,将给对方造成不良的第一印象,而且还会大大降低信件内容的影响力。

5. 地址

随时更新。当对方公司改变地址时，别忘了寄一张“恭贺乔迁新址”的问候卡,这是保持联络的一个好方法,同时,这也表示你的嗅觉很灵敏。

6. 生日及出生地

很多人始终坚持过生日，如果你愿意在他生日的那天去拜访他,或是跟他谈生意,你都不敢相信自己在这些日子里所得到的成果。还有,你不要忘了他的籍贯,也许它能帮上你的忙。

7. 他的家庭

对方的家人名字及资料也是很重要的，因为这些对于他们很重要。不过,你必须十分小心地去挖掘这些资料。如果你为了炫耀自己对他的了解程度,而询问对方配偶的近况,很可能在一阵尴尬的沉默之后,得到一句:“我们已经不再是夫妻了！”这恐怕是你遇见的再窘迫不过的事情了。同样尴尬的场面还有发现某人已经过世,而你在此之前却从未听人提起过的时候。

所以当你提及这类话题时千万要谨慎、不露痕迹地试探,或者尽量避免。

8. 教育程度

许多人对于他们的母校有着很浓厚的感情，尤其是大学，甚至在他们毕业数十年之后仍是如此。这里是他们开始成年生活的地方，也很有可能是认识他们配偶的地方，这也就是为什么你一定要尽可能去了解对方的“教育程度”的原因，尽管从根本来说它实际上仍是一种“社团”模式。

9. 所参加的社团

这里包括对方所参加职业组织、各种俱乐部以及政治团体。许多来自世界各地的人，就是以某个组织的共同会员关系为根基，从而发展出美好友谊的，这既是个开启话题的好方法，也是维持终身联系的好理由。

10. 特别兴趣

得知使别人快乐的原因，这是最能够令人脉网络产生火花的了。你完全可以一再地利用这一点。

11. 重要经历

这里你应该简短记录对方重要的改变、升迁以及前任雇主的名字。

12. 特殊成就

追溯对方的得奖纪录、所受过的表扬及成就，得到它们虽然需要付出很多努力，但是对收受人来说这真的很重要。

13. 联系

这些是能唤起你的记忆的东西：你在何处认识他、通过谁的介绍、你们共同朋友的名字、共同参与的活动以及最后一次碰面的时间，等等。

14. 惊喜

没有人想过要去做的事情，如果你可以去做，那会是很难令人忘怀的。

整理资料这样的事情是要花大把的时间去完成的，虽然繁琐，却并不困难。下一步你要做的就是来实现你所拥有的这些人脉资源的网络化。把你名单中的所有人，按照一定的标准进行分类，找出他们之间的共性、区别、是否存在互补性等，将那些具有相同特点的资源整合到一起。

这项工作需要的则是你的恒心、耐心以及细心,否则你就很难做好。

接下来的一步就是——加强你的人脉资源的互动性。你可以把这些人脉资源按照上一步所归纳好的分类进行划分,找出某个圈子中有领袖作用的那个人,通过他来把握以他为中心的那个圈子里的人。这样,你所要做的工作也会相应减少许多。

通过这个个人的CRM管理系统,你就能以最快的速度、最短的路径,找到你最想找的那个目标。

人脉网是一个可以延伸的无形资产,如果说一个人是你的朋友,那么这个人的朋友的朋友也可以成为你的朋友,逐渐延伸到朋友的各个圈子,因此,有必要将维护和拓展人脉关系当成日常功课,以后的生活中才能左右逢源、无往而不胜。